Víctor Hugo Godoy Espinoza

Fenología y digestibilidad in vivo del (Arachis pintoi)

AF190960

Víctor Hugo Godoy Espinoza

Fenología y digestibilidad in vivo del (Arachis pintoi)

Leguminosa forrajera en diferentes edades de corte

Editorial Académica Española

Imprint
Any brand names and product names mentioned in this book are subject to trademark, brand or patent protection and are trademarks or registered trademarks of their respective holders. The use of brand names, product names, common names, trade names, product descriptions etc. even without a particular marking in this work is in no way to be construed to mean that such names may be regarded as unrestricted in respect of trademark and brand protection legislation and could thus be used by anyone.

Cover image: www.ingimage.com

Publisher:
Editorial Académica Española
is a trademark of
Dodo Books Indian Ocean Ltd. and OmniScriptum S.R.L publishing group

120 High Road, East Finchley, London, N2 9ED, United Kingdom
Str. Armeneasca 28/1, office 1, Chisinau MD-2012, Republic of Moldova, Europe
Managing Directors: Ieva Konstantinova, Victoria Ursu
info@omniscriptum.com

Printed at: see last page
ISBN: 978-3-659-07465-3

Fenología y digestibilidad in vivo del (*Arachis pintoi*)
Leguminosa forrajera en diferentes edades de corte

DEDICATORIA

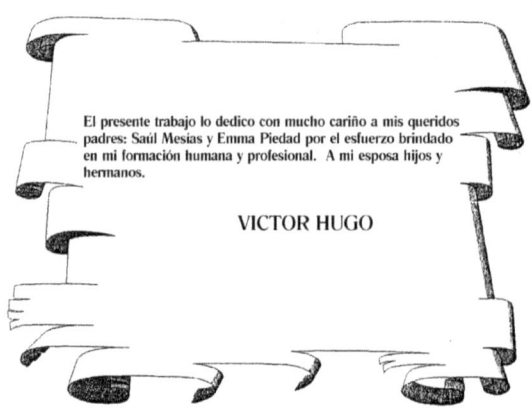

El presente trabajo lo dedico con mucho cariño a mis queridos
padres: Saúl Mesías y Emma Piedad por el esfuerzo brindado
en mi formación humana y profesional. A mi esposa hijos y
hermanos.

VICTOR HUGO

INDICE

LISTA DE CUADROS

LISTA DE GRAFICOS

1. Introducción

De acuerdo con los datos del censo SICA/MAG (2002), las tierras agropecuarias del Ecuador en 1999-2000 alcanzaban a 12,400,000 hectáreas, 27% de las cuales estaban bajo pasturas sembradas, 9.1% bajo pasturas nativas, 4.9% cubierta por páramos y 3% bajo barbecho. El área de pasturas sembradas, nativas y naturalizadas en Ecuador ha sido estimada en 5,510,000 hectáreas (SICA/MAG, 2002). Si todos estos elementos son considerados recursos pastoriles, cerca de la mitad de la tierra utilizable estaba disponible para pastoreo.

Los sistemas tradicionales de producción animal bovina en el trópico ecuatoriano están basados generalmente en el uso de gramíneas autóctonas como especies del género *pennisetum* o introducidas como el Kikuyo o pasto elefante, más la utilización deficiente de leguminosas forrajeras como las del género *Crotalaria, Desmodium* o especies arbóreas de *Leucaena* (Acosta, 1997). Estos aspectos se manifiestan en los esquemas deficitarios de la alimentación básica de los rumiantes. Investigaciones en alimentos alternativos, como la utilización de subproductos del procesamiento de la fruta, han demostrado ser una alternativa nutritiva para los animales en épocas de sequía, así como también el maní forrajero, *A. pintoi*, el cual es originario de América del Sur restringido naturalmente a Brasil, Paraguay, Argentina y Uruguay (Valls y Simpson, 1995).

Este tiene una alta capacidad de fijación de nitrógeno, rápida degradación de su hojarasca y un estímulo sobre la diversidad biológica orgánica del suelo. Su presencia permite la recuperación de suelos degradados, convirtiéndola en una leguminosa ideal, ya que aporta proteína como sustratos energéticos, favoreciendo la respuesta del bovino en ganancia de peso y producción de leche, pudiendo garantizar a futuro una mayor productividad y resultados económicos que alienten nuevas perspectivas de producción animal y por ende resultados sociales atribuibles al sector pecuario.

En la búsqueda de recursos forrajeros no convencionales, destaca por su aceptación general, *A. pintoi* o maní forrajero. Este ha causado no solamente un impacto en la línea productiva pecuaria, sino también ornamental, debido a sus cualidades de adaptación en la zona central del Litoral ecuatoriano. Esta leguminosa forrajera posee un hábito de crecimiento postrado, estolonífero y se adapta bien al sombrío (Zelada e Ibrahin, 1996; Andrade y Valentín, 1999), lo cual explica en parte el éxito como cultivo de cobertura. Además, persiste bajo pastoreo, debido a su hábito de crecimiento, la habilidad de sus estolones para enraizar y la alta reserva de semilla en el suelo (Jones, 1993). También presenta un alto potencial para cobertura en cultivos perennes como cítricos (Rincón y Orduz, 2004), plátano (Jhons, 1994) y papaya (Dwyer, 1989), por lo cual se considera una alternativa viable. Los mejores rendimientos se reportan en suelos arenosos con un contenido de materia orgánica superior al 3% y cuando hay suficiente humedad disponible (Asakawa y Ramírez, 1989). Destaca también el incremento de proteína y digestibilidad, por el aporte de nitrógeno y por una oferta de forraje de mejor calidad para el ganado (Thomas y Asakawa, 1993). Es por estas razones que el presente estudio tuvo como objetivo evaluar la fenología y producción de la planta, así como también determinar la composición química nutricional, digestibilidad *in vivo* y el desarrollo de modelos matemáticos para determinar la composición química nutritiva y calidad nutricional.

2. Revisión de literatura

2.1. Aspectos biológicos del Maní forrajero (*Arachis.pintoi*)

Arachis pintoi es una leguminosa relativamente novedosa tanto para investigadores como agricultores. El uso comercial y experimental de esta especie se limita principalmente en algunas localidades de Australia, Bolivia, Brasil, Colombia y Costa Rica. Es perenne, estolonífera, geocárpica que ha demostrado buen potencial de producción de semillas. (Ferguson, 1994; Pizarro y Rincón, 1994; Pizarro y Carvalho, 1996).

Esta leguminosa fue recolectada originalmente en la cercanía de la ciudad de Belmonte, Bahía, Brasil, por Gerardo C. Pintoi en 1954. Siendo el género Arachis originario de América del Sur distribuido al Este de los Andes, entre los ríos Amazonas y la Plata (Ferguson et al. 1992 ; Rincón et al. Anzules y González 1993)

Rincón et al (1992), la clasificación botánica del Maní forrajero es

Orden:	Fabales
Familia:	Leguminoseae
Tribu:	Aeschymoneneae
Subtribu:	Stylosanthinae
Sección:	Caulorhizae
Género:	Arachis
Especie:	pintoi
Nombre científico:	Arachis pintoi
Nombre común:	Maní forrajero

Además es una leguminosa herbácea perenne de crecimiento rastrero y estolonífero; que puede alcanzar una altura entre 20 y 40 cm, posee raíz pivotante que crece hasta 30 cm de profundidad; las hojas son alternas compuestas, con cuatro foliolos aovados, de color verde claro a oscuro;

El ápice de los foliolos es mucronado, con estípulas envainadoras, adheridas al pecíolo y bifurcadas en forma de hoz, pubescentes, que cubren la yema de los nudos; el tallo ramificado, circular, ligeramente aplanado, con entrenudos cortos que pueden llegar a medir 1.5 m de longitud (Rincón et al citado por Ledesma 1994)

2.2. Características forrajeras

El Maní forrajero es una especie cuya característica es producir semilla bajo el suelo, encontrándose el mayor porcentaje en los primeros 10 cm, independientemente de la textura, edad del cultivo y rendimiento de semilla, el 95% de las vainas maduras se encuentran desprendidas al momento de la cosecha contrario al maní comercial (A. hypogea), razón por la cual, se dificulta su recolección (Rincón et al 1992).

La variación en la producción de semillas está relacionada fundamentalmente con factores genéticos climáticos y agronómicos. Dentro de los factores agronómicos, el manejo del semillero no ha sido hasta el momento estudiado. Esta etapa del cultivo es importante ya que se requieren entre 12 y 18 meses para alcanzar la máxima producción de semillas (Pizarro et al, 1998).

Para la siembra se utiliza de 7 a 8 kg de semilla con 90 % de germinación y obtener una población de 40000 plantas por hectárea, y si el propósito es obtener lotes destinados a la producción de semilla se requerirá entre 10 y 15 kg por hectárea de semilla clasificada; por el contrario, si la siembra se realiza por material vegetativo se necesitará de 500 a 600 kg por hectárea, siendo suficiente un semillero de 300 m para lograr tal objetivo, se tendrá que remover una capa de 0.05 m del suelo (Rincón et al , 1992).

Asakawa y Ramirez (1998), recomienda sembrar el material vegetativo en surcos distanciados a 0.35 m cuando se utiliza como monocultivo y a 1.0 m cuando se siembra asociado con una gramínea; mencionan además, que la profundidad de siembra del material debe ser de 0.15 m aproximadamente.

Arachis pintoi representa una leguminosa forrajera de alta calidad aceptada por los animales pudiéndose ver su selección debido a su a su alto grado de palatabilidad. (Láscano y Thomas citado por Ledesma 1994).

En pasturas basadas de A. pintoi, ésta leguminosa es altamente seleccionada durante todo el año, siempre que el animal tenga un previo acostumbramiento (Carulla et al, 1991; Lascano,1994) ; pudiéndose ver su selección a su alto grado de palatabilidad (Lascano y Thomas, 1998).

La gran defoliación que sufre A. *pintoi* durante la época seca es la causa de su presencia muy baja en la composición botánica de forraje (54% a 30 %) (Lascano y Thomas , 1988; Carulla et el 1991; Grof citado por Lascano, 1994),Siendo esta proporción producto de una grave defoliación resultante de una baja proporción hoja tallo (0.25) durante la época seca en comparación con la época lluviosa.

También se utiliza como cobertura en diversos cultivos perennes como banano, plátano, palma africana y café Staver, (Moreno I. R. et al 1999).

La importancia de asociar Maní forrajero perenne con gramíneas, ésta en aumentar el contenido de proteína en las hojas, dando como resultado un incremento en el consumo de forraje por parte de los animales en pastoreo; por lo tanto, esta especie forrajera se recomienda para explotaciones de ceba y doble propósito (Rincón et al 1992).

2.3. Investigaciones realizadas

En las investigaciones realizadas en los últimos años en forrajes tropicales, se identificó a la leguminosa forrajera *Arachis pintoi* como una de las especies de mayor

interés para la producción ganadera en América tropical. Sus características agronómicas y cualidades permiten múltiples usos, tales como conservar y recuperar suelos degradados mejorar las condiciones del suelo aumentando su fertilidad, formar pasturas estables en asociación con gramíneas agresivas, especialmente con

especies del género Brachiaria y así mejorar la calidad de la dieta en oferta para los animales. Moreno I.R. et al (1999).

Estudios realizados en la Amazonía Ecuatoriana con *Arachis pintoi* (CIAT) por Anzules y González citado por Ledesma 1994) determinaron valores de proteína cruda entre 19.4 y 21.8 % descendiendo a medida que aumenta su madurez; mientras que su digestibilidad in vitro varía de 53.1 61.4 % lo que le da una buena aceptación por parte de los animales.

Asimismo, Rincón et al (1992), reportan valores para proteína cruda en las hojas de 13% y 18 % en épocas seca y lluviosa, respectivamente; mientras que la digestibilidad de las hojas fluctúan en el rango de 67 y 62 % para las épocas seca y lluviosa, respectivamente, con respecto al fósforo su valor promedio está en 0.18 por ciento y 1.77 por ciento.

Estudio llevado a cabo por Carulla et al (1991) en la Estación experimental Carimagua, asociada está leguminosa con Brachiaria dictoyoneura encontraron que la variación de forraje fue de 1750 a 663 kg/ha en las épocas de precipitación, mientras que Ferguson et al (1992) reportan producciones anuales de materia seca más elevadas (5000-9000) Kg / ha).

Rincón et al (1992) mencionan que en la Altillanura Colombiana el Maní forrajero ha alcanzado producciones forrajeras de 1400 kg/ha de materia seca por año, en el Piedemonte llanero su producción se encuentra entre 3800 y 5500 kg /ha. Investigaciones realizadas por Anzules y Gonzalez (1993) en diferentes lugares de la Amazonía ecuatoriana, determinaron una producción promedio de materia seca de 889 kg/ ha.Ganancias de peso del orden de 160 a 200 kg /ha y de 250 a 600 kg/ha en novillos en pastoreo basadas en *A. pintoi*, fueron reportadas por Lascano (1994); de igual manera, Lascano Estrada citados por este mismo autor y por Lascano y Thomas (1998) encontraron incrementos de peso en los llanos de Colombia, en pasturas de *A. pintoi* fueron 30 a 40 %

más altos que en pasturas compuestas de B, decumbens y P. Phaseoloides (280- 300 Kg /ha).

Con respecto a la digestibilidad, Carulla et al (1991) indican que *A. pintoí* tiene un valor alto por todo el año, tanto en hojas (63.1%) y tallos (63.6%) presentando una alta digestibilidad de la materia seca de las hojas (66.9 %) durante la época seca. De igual manera Lascano y Thomas (1998) reportan valores de digestibilidad de la materia seca de las hojas de 67 % y 60 % durante la época seca y lluviosa respectivamente.

Lascano (1994) informa que los valores de proteína bruta y digestibilidad de la materia seca en hojas de *A. pintoí* van de 13 a 22 % y de 60 a 67 % respectivamente existiendo variación en el contenido de proteína entre hojas y tallos, mientras que, variaciones de los valores de digestibilidad entre hojas y tallos son mínimos.

Autor anónimo (2004). Las mayores producciones se obtuvieron en la especie *A. pintoi*. Las mismas, variaron de 2 a 9 t/ha en la época lluviosa y de 2 a 4 t/ha en la época de menor precipitación. Durante la época lluviosa, la materia verde seca y comestible varió de 2 a 6 t/ha. La acumulación subterránea de raíces durante los primeros 14 meses varió de 6 a 14 t/ha. Las evaluaciones realizadas en las partes mas elevadas del área, mostraron que algunos materiales, tales como *A. pintoi* BRA-031143 presentó un desempeño sobresaliente, sobreviviendo el período seco, que dura en media de cinco meses.

Del germoplasma evaluado por un período de 10 años, un total de 25 accesos, merecen ser considerados en futuras evaluaciones.

Arachis pintoi CIAT 17434, hoy conocido como cultivar Amarillo, es la accesión mas avanzada en evaluaciones regionales. Cuando se cultiva asociada con Cynodon sp., la producción diaria de leche en vacas de doble propósito, en Costa Rica, aumenta en una 14 %. La producción media de semilla es de 1 t/ha.

En el trópico húmedo tres accesos de *A. pintoi* (CIAT 17434, 18744 y 18748), son materiales promissórios ya sea como leguminosa de pastoreo o como cultivo de cobertura. El valor nutritivo de *Arachis pintoi* es superior a la mayoría de las especies de leguminosa forrajeras de clima tropical. Los análisis realizados muestran que el contenido de proteína bruta excede al 22 % y la digestibilidad de la materia seca es superior al 70 %.

Los resultados obtenidos en la estancia Alqueire, muestran que la ganancia de peso por animal y por día puede llegar a un kilogramo de peso por día y 500 kilogramos de peso vivo por hectárea. Hoy día, sumado a los productores de Río Grande del Sur, Paraná, Santa Catarina, Mato Grosso del Sur está la experiencia desarrollada en la Fazenda Alqueire que en nueve hectáreas de A. pintoi cultivar Alqueire-1, mas campo nativo con 36 % de *A. pintoi* cv. Alqueire-1, fueron registrados en 250 días de pastoreo los siguientes resultados:

--   Producción de carne: 290 Kg

--   Ganancia de peso por animal: 1 Kg

--   Producción de heno : 2200 fardos

En la entrevista dada por el Ingeniero Agrónomo Naylor Pérez al diario Zero Hora de Porto Alegre, RS, Brasil resumió que las características positivas de Arachis pintoi cv: Alquiere-1 pueden resumirse de la siguiente forma :

--   El cv. Alqueire-1, es una leguminosa resistente al pastoreo
--   Posee un valor nutritivo tan alto, como los de la conocida reina de las

leguminosas, la alfalfa (Medicago sativa).
--   Permite una ganancia diária de un kilogramo de peso por dia
--   Elimina la necesidad de la fertilización con abonos nitrogenados dado que al

ser una leguminosa, posee la virtud de fijar el nitrógeno de aire al suelo.
--   Es una leguminosa muy versátil, permitiendo su uso para pastoreo directo,

conservación bajo la forma de heno y como cultivo de cobertura.

2.4. Fenología Agrícola.

El estudio de los eventos periódicos naturales involucrados en la vida de las plantas se denomina fenología (Volpe,1992;Villalpando y Ruiz1993; Schwartz, 1999) palabra que deriva del griego phaino que significa manifestar, y logos tratado.

Fournier, 1978 señala que es el estudio de los fenómenos biológicos acomodados a cierto ritmo periódico como la brotación, la maduración de los frutos y otros. Como es natural, estos fenómenos se relacionan con el clima de la localidad en que ocurre; y viceversa, de la fenología se puede sacar secuencias relativas al clima y sobre todo al microclima cuando ni uno, ni otro se conocen debidamente.

La aparición, transformación o desaparición rápida de los órganos vegetales se llama fase. La emergencia de plantas pequeñas, la brotación de la vid, la floración del manzano son verdaderas fases fenológicas. El comienzo y fin de fases y etapas sirven como medio para juzgar la rapidez del desarrollo de las plantas (Torres, 1995).

Los eventos comúnmente observados en cultivos agrícolas y hortícolas son: Siembra, germinación, emergencia (inicio), floración (primera, completa y última) y cosecha. Los eventos adicionales observados en ciertos cultivos específicos incluyen: Presencia de yema, aparición de hojas, maduración de frutos, caída de hojas para varios árboles frutales. El periodo entre dos distintas fases es llamado estado fenológico (Villalpando y Ruiz,1993).

La designación de eventos fenológicos significativos varía con el tipo de planta en observación. Se debe considerar que un cultivo puede no desarrollar todas sus fases fenológicas, si crece en condiciones climatológicas diferentes a su región de origen (Ruiz, 1991).

2.5. Valoración nutritiva de los alimentos

Raymond (1969), citado por Plazarte (2001), estudió que, el valor nutritivo de los forrajes en términos de los factores que determinan el consumo por los animales, es el resultado de tres variables: consumo de alimentos, degradabilidad del alimento y eficiencia de utilización del alimento digerido.

Herrera (1983) citado por Plazarte (2001), señala que al valor nutritivo de los alimentos, como la relación existente entre los componentes químicos, la degradabilidad de esos componentes y la producción animal que se obtenga como principales parámetros de ese valor.

Plazarte (2001), al citar a Wardo (1984), indica que, para analizar el valor nutritivo en ensilajes de leguminosas cuantificó y caracterizó el comportamiento de la fermentación, la preservación de las proteínas y la respuesta animal (producción, digestibilidad y utilización de la energía y de las proteínas), hasta aquí podemos señalar que el valor nutritivo es solo un componente del valor alimenticio de un alimento.

2.6. Digestibilidad

Kellems (1998) indica que la digestibilidad in vivo es una técnica clásica utilizada para la valoración nutritiva de los alimentos, como resultado se tiene la tasa neta de digestión para cada componente, evidenciando por lo tanto el porcentaje verdadero de nutrientes que desaparecen cuando un determinado alimento hace su paso por el intestino.

McDonald (1995), menciona que la digestibilidad de un alimento es eficiente cuando este no es excretado por las heces y que se supone por lo tanto que ha sido absorbido. Por lo general esta fracción absorbida se representa con él calculo del coeficiente de digestibilidad el mismo que expresa el porcentaje asimilable de los principios nutritivos de un alimento.

Purina (2000), señala que la digestibilidad es una medida del valor nutricional de un alimento. A diferencia de las pruebas realizadas para determinar si los alimentos son adecuados nutricionalmente, la Asociación de Funcionarios Norteamericanos para el Control de la Alimentación (AAFCO) no ha establecido un protocolo específico para las pruebas relacionadas con la digestión.   Como resultado, las compañías de alimento emplean diferentes procedimientos que varían en longitud y metodología. Esto hace que sea difícil comparar directamente los valores de digestibilidad de diferentes fabricantes. Independientemente de la metodología exacta de la prueba, las pruebas de digestión apuntan a dos factores importantes en el valor nutricional de un alimento que son:

– La cantidad de nutrientes en el producto; y,

– La disponibilidad de esos nutrientes para uso del animal

El nivel de nutrientes conjuntamente con la digestibilidad determina la cantidad real del nutriente que los animales pueden usar. Como ejemplo, un alimento que contiene 21 por ciento de proteína con 85 por ciento de digestibilidad proporcionaría casi la misma cantidad de proteína al animal que una dieta que contiene 23 por

ciento de proteína con un 77,6 por ciento de digestibilidad, por cuanto:

21 g de proteína/100 g dieta x 0,85   = 17,5 g proteína

23 g de proteína/100 g dieta x 0,776 = 17,8 g proteína

Los estudios sobre la digestión comprenden un período de ajuste durante el cual se

administra la dieta y los animales se acostumbran a ella.   A esto sigue un período de

recolección durante el cual se obtiene la siguiente información:

- Cantidad total de alimento consumida

- Determinación del alimento para detectar nutrientes específicos

- Cantidad total de materia fecal

- Determinación de la materia fecal para detectar los mismos nutrientes medidos en el

  alimento

La digestibilidad de un nutriente se calcula restando la cantidad del

nutriente encontrada en la materia fecal del total de nutriente que el

animal consumió.   Para ilustrar, si un animal consumió 100 gramos de

proteína y se encontraron 15 gramos en la materia fecal, la digestibilidad

de la proteína del alimento sería del 85 por ciento.

2.6.1. Determinación de la digestibilidad aparente

Maynard (1980) manifiesta que una prueba de digestión implica cuantificar los

nutrientes consumidos y las cantidades que se eliminan en las heces: es importante que las

heces recolectadas representen en forma cuantitativa el residuo no digerido del alimento consumido previamente medido. Además manifiesta que existe grandes diferencias en la capacidad para digerir los alimentos voluminosos en las diferentes especies de animales.

En todos los ensayos de digestibilidad y en especial en los llevados a cabo con rumiantes es aconsejable dar la comida todos los días a la misma hora y procurar que las cantidades ingeridas sean aproximadamente las mismas. Si la ingestión es irregular existe el peligro que la última comida sea desacostumbradamente copiosa y que las heces excretadas después de terminado el período de recogida, tenga productos procedentes de ellos.

McDonald (1995) conceptúa a la digestibilidad aparente como la ración no digerida y, para su determinación recomienda realizar ensayos con varios animales de la misma especie, edad y sexo que son fáciles de manejar y presentan ligeras diferencias en su habilidad digestiva. Además se usan con frecuencia animales machos porque con ellas es más accesible a obtener la orina y las heces por separado.

Church (1997) recomienda mantener un consumo diario de los alimentos durante varios días para reducir al mínimo la variación diaria de la producción de heces. Este mismo autor manifiesta que son varios los factores que pueden afectar la cuantía de digestión, teniendo a continuación los siguientes: Nivel de consumo de los alimentos, trastornos digestivos, deficiencia de nutrientes, frecuencia de las raciones, tratamiento a que son sometidos los animales, efectos asociados de los alimentos.

2.6.2. Digestibilidad aparente frente a la verdadera

Al relacionar cuantitativamente tanto la digestibilidad aparente como la verdadera.

Tyler (1974), supone que la proteína que no aparece en las heces es digerida, la misma que es determinada mediante la relación del nitrógeno presente en la dieta menos el nitrógeno que aparece en las heces, sobre el nitrógeno no presente en la dieta, este cálculo constituye el coeficiente de digestibilidad aparente de la proteína.

En tanto si se deduce el nitrógeno fecal total se obtiene el dato real (NMF) del nitrógeno fecal total se obtiene el dato real de la digestibilidad verdadera: La misma que en forma más precisa refleja la cantidad de nitrógeno absorbido del alimento por el organismo animal. Por lo general ha sido imposible separar el NMf de los residuos nitrogenados de los alimentos, luego de un gran número de investigaciones realizadas se ha demostrado que el NMf es proporcional a la ingesta del alimento, esto es, alrededor de 2 mg de nitrógeno por gramo de materia seca ingerida. Si se emplea esta cifra como constante, es posible convertir la digestibilidad aparente en digestibilidad verdadera. Los estudios para determinar estos dos parámetros fue revisado por Maynard (1980).

2.6.3. Digestibilidad por diferencia

Tyler (1974), manifiesta es necesario determinar la digestibilidad por diferencia. En los casos en que se requiere evaluar la digestibilidad de un alimento cuando se proporciona en una mezcla con otro o más alimentos.

Con este método se suministra una dieta basal con el alimento en estudio en uno o más niveles, después que se determina la digestibilidad de las dietas completas, se puede calcular la digestibilidad del alimento en estudio.

2.6.4. Efectos Asociados

McDonald (1995) Manifiesta, un fenómeno común que se observa en la información sobre la digestibilidad es que las mezclas de alimentos no siempre dan los resultados que serían característicos si la digestibilidad de la mezcla fuera el promedio de los alimentos individuales, esta respuesta se conoce como el efecto asociado o no aditivo. Este fenómeno reporta digestibilidades mayores al 100% como es obvio, esto no es posible. Lo que ocurrió fue que la adición del alimento en estudio estimuló la digestión de la dieta basal de manera que la mezcla fuera más digerible que cuando la dieta basal se suministró sola.

Esta respuesta se observa con mayor frecuencia en animales herbívoros que dependen en gran parte de la fermentación microbiana para su mantenimiento. La razón evidente es que los componentes dietéticos que se encuentran en la dieta en estudio, los cuales estimulan la actividad de la fermentación, son generalmente los que hacen que aumente la digestibilidad.

2.6.5. Métodos para determinar digestibilidad
2.6.5.1. Método del Indicador

Hay ocasiones en que la falta de material apropiado o por la naturaleza del ensayo es imposible poder controlar la ingestión de comida, a pesar las heces o ambas cosas al mismo tiempo. Cuando se alimenta a los animales en grupo no se puede precisar cual es el ingerido por cada uno de ello. En estos casos es imposible calcular la digestibilidad añadiendo al alimento una sustancia que sea totalmente indigerible y midiendo su concentración en los alimentos y en pequeñas muestras de heces de cada uno de los animales, la relación que existe entre concentración de una medida de la digestibilidad con la siguiente ecuación obtendremos la digestibilidad (Maynard, 1980).:

$$DIG = \frac{\% \text{ de Ind en Heces } - \% \text{ Ind. Alimento}}{\% \text{ Ind. Heces}} \times 100$$

2.6.5.2. Métodos de laboratorio

Los ensayos de digestibilidad son tan modestos de realizar que se han hecho numerosas intentos para reproducir en el laboratorio las reacciones que tienen el tracto gastrointestinal del animal para poder determinar la digestibilidad de los alimentos. No es fácil reproducir en su totalidad la digestión de la proteína puede medirse atacándolas invito con pepsina y ácido clorhídrico. El coeficiente de digestibilidad in vitro se determina como la proporción de los alimentos que han sido disueltos durante la incubación (Maynard, 1980).

2.6.6. Digestión y absorción de la proteína y fibra bruta

Maynard (1980), manifiesta que la digestión proteica empieza en el estómago con una desnaturalización significativa de las proteínas que realiza el HCL, luego vendrá la digestión péptica que es más activa a un HP bajo. Este proceso da como resultado la producción de péptidos grandes y relativamente pocos aminoácidos. El contenido estomacal pasa seguidamente al duodeno en cuyo lugar es atacado por una serie de enzimas producidas en el páncreas, lo que produce una cantidad sustancial de aminoácidos libres (más del 60% del contenido proteico) y oligopéptidos. La absorción de oligopéptidos es en forma directa por parte de la mucosa intestinal donde son hidrolizados por la acción de las peptidasas en aminoácidos. La absorción de aminoácidos en los dos tercios proximales del intestino delgado, se da en forma activa y directa, pero no es uniforme, conjuntamente implica además la absorción del sodio.

En primera instancia se describirá la digestión y absorción de los carbohidratos no estructurales o simples, la digestión de estos azúcares se da por la actividad enzimática, es así que la amilasa secretada por las glándulas salivales y páncreas hidrolizando la amilasa a maltosa y maltotriosa, la amilopeptina produce $\propto$ dextrina, límites que están integrados por 8 – 20 moléculas de glucosa: la enzima maltosa y $\propto$ dextrinasa secretadas por la mucosa intestinal.

Las primeras hidrolizan la maltosa y la maltotriosa en glucosa, en tanto que la segunda hidroliza a las -$\propto$ dextrinasas límite en glucosa y maltosa; la mucosa intestinal también secreta lactosa y sacarasa dando como producto galactosa, glucosa y fructosa.

La absorción de la galactosa, glucosa y fructosa se da bajo un proceso activo, luego de ser absorbidos sé metabolizan en tres formas principales: Como una fuente inmediata de energía; como un precursor de glucógeno hepático y muscular; como precursor de triglicérido tisulares.

2.6.7. Digestión de los lípidos

Church y Pond (1990), expone que los lípidos que llegan al rumen van a ser hidrolizados e hidrogenados en su mayoría, significando esto que los triacilgliceroles son esterificados inicialmente y los ácidos grasos no saturados serán hidrogenados. La capacidad de los microorganismos ruminales para digerir lípidos es muy limitada, si el contenido de lípidos aumente en la dieta por arriba de los 100g/Kg de MS, la actividad de los microorganismos disminuye, la fermentación disminuye y por consecuencia el consumo se verá abatido.

2.6.8. Nutrientes digeribles totales

Como una medida general del valor nutritivo de los alimentos; el NDT es uno de los parámetros para saber en qué proporción cuantitativa son digeridos los elementos nutritivos del alimento, esto, en forma general; la utilidad de los valores del NDT sirven para evaluar alimentos y para la formulación de raciones. Los coeficientes de digestibilidad se utilizan para determinar los NDT de la siguiente manera:

NDT = % PBD + %FBD = %ELN D + 2.25 (%EED)

Dónde:

PBD = Proteína bruta digerible

FBD = Fibra bruta digerible

ELND = Extracto libre de nitrógeno digerible

EED = Extracto etéreo digerible.

3. Materiales y Métodos

3.1.1. Fase 1. Evaluación botánica

La primera fase experimental se llevó a cabo en la hacienda ESPE San Antonio, ubicada en el km 38.5 carretera Sto. Domingo-Quevedo, parroquia Luz de América, provincia de Santo Domingo de los Tsáchilas. Ubicada geográficamente a 225 metros sobre el nivel del mar, a 0°24'32" latitud Sur y a 78°18'25" longitud Oeste. La zona posee un clima húmedo tropical con una textura de suelo franco arenoso. La evaluación botánica se realizó sobre cultivos establecidos de maní forrajero (año 2001) y a los cuales previamente se les realizó un corte de homogeneización. Se establecieron parcelas experimentales de 150 m2 (10x15 m) y, sobre estas se realizó un seguimiento de las variables de estudio, medidas a intervalos de 15 días, partiendo a los 30 días de edad; resultando en cuatro fechas de evaluación (30, 45, 60 y 75 días). Las observaciones se realizaron en base a muestras aleatorias en cada parcela con la ayuda de cuadrantes, evaluando altura, cobertura, producción, relación hoja tallo y análisis proximal de la biomasa. Para la evaluación de altura de planta se seleccionaron 10 plantas al azar mediante el lanzamiento de un cuadrante de 0.25 m2 en cada parcela y se procedió a realizar su medición con una cinta métrica (Bobadilla, 2009).

En cuanto a cobertura, por ser una leguminosa rastrera, se estimó a nivel de cobertura basal, utilizando el cuadrante de 1 m2. Esta cobertura fue una estimación basada en el porcentaje del cuadro que estaba cubierto por vegetación y observando suelo desnudo.

La evaluación de producción de materia verde y seca se realizó mediante el corte de la biomasa circunscrito en un cuadrante de 1 m2 en cada parcela, luego se procedió al peso individual de las muestras y se obtuvo el valor medio de las mismas (Bobadilla, 2009). La relación hoja:tallo se evaluó tomando una muestra de 200 g de material fresco, procedente de las muestras de disponibilidad y rendimiento. Posteriormente, se separaron componentes en forma manual (hojas y tallos). Estas muestras se secaron en estufas de aire forzado (Memmert, modelo Tv- 400) hasta obtener un peso constante y pesarse por separado, calculándose el porcentaje de cada fracción en base a materia seca (Bobadilla, 2009).

3.1. 2.Fase 2. Digestibilidad in vivo y análisis químico nutricional

La segunda fase experimental se llevó a cabo en la Facultad de Ciencias Pecuarias de la ESPOCH, ubicada en el km 1.5 de la carretera Panamericana Sur de la Ciudad de Riobamba. Ubicada geográficamente a 2,780 msnm., a 1°39'58" de latitud Sur y a 78°39'33" de longitud Oeste. Esta zona posee un clima frío ecuatorial húmedo con una textura de suelo franco. En esta fase de la investigación, se utilizaron cuatro ovinos mestizos (Rambouillet x Criollo) de 16 meses de edad y con un promedio de 37 kg de peso vivo (PV), correspondiendo cada uno de ellos a una unidad experimental. Los animales fueron desparasitados con Albendazole (10 mg kg-1 de PV) vía oral y se les suministró vitaminas A, D3, E, B12. El alimento que se ofreció a los animales se calculó según las recomendaciones del NRC para ovinos en etapa de mantenimiento (NRC, 1985). El período de adaptación correspondió a seis días, mientras que el período de colecta de datos fue de nueve días. El suministro de la ración se realizó dos veces por día en horarios fijos (08:00 y 16:00 h), de acuerdo con los tratamientos experimentales. Se ofreció agua a voluntad antes de suministrar la nueva ración, se realizó el pesaje y la recolección de alimento sobrante y heces de cada jaula metabólica, la cual tenía un piso de malla para facilitar la recolección, cuyo ángulo de inclinación permitió que el excremento se colectase en un recipiente independiente, evitando el contacto con la orina (Basurto y Tejada, 1992).

Las muestras de alimento sobrante y heces fueron llevadas al laboratorio para el respectivo análisis proximal, donde se determinó: Materia seca (MS), materia orgánica (MO), proteína bruta (PB; N x 6.25), fibra bruta (FB), extracto etéreo (EE) y extracto libre de nitrógeno (ELN) (AOAC, 1990). Estos datos fueron utilizados para la evaluación de digestibilidad y determinación de los nutrientes digestibles totales (NDT).

La energía metabolizable (EM) se obtuvo mediante la ecuación propuesta por el NRC (2001):

EM=1.01 x ED (Mcal Kg-1) - 0.45 Ecuación 1

Para el cálculo de la energía neta de lactancia se estimó con la fórmula propuesta por el NR ENL=0.0245 x NDT (%) - 0.12 Ecuación 2

La evaluación estadística se realizó mediante análisis de varianza con un nivel de significancia del 5% ($p \leq 0.05$). Para la comparación de medias se utilizó la prueba de Tukey.

El análisis de correlación, regresión simple y múltiple con ajuste de la tendencia, consideró las variables de respuesta experimental en la fenología a: Altura de planta, peso de hoja, peso de tallos, producción de forraje verde (FV), producción de MS, producción de PB, producción de energía. En la digestibilidad las variables en estudio fueron: Digestibilidad de la MS, digestibilidad de la MO, digestibilidad de la PB, digestibilidad de FB, digestibilidad de EE, digestibilidad de ELN.

Se utilizó un diseño completamente al azar cuyo modelo lineal aditivo es:

$(Y_{ijk}) = \mu + \alpha_i + \varepsilon_{ij}$

Dónde: Y_{ijk} es el valor de la variable dependiente; μ es la media general; α_i corresponde al efecto debido al tratamiento; y ε_{ij} al el error experimental.

4. Resultados y Discusión

4.1. Fenología. Cobertura, altura y peso de hojas del maní forrajero

En el cuadro 1 se observan los resultados de la evaluación fenológica en cuanto a cobertura (%), altura (cm), peso de hojas y tallos (kg m-2). En cuanto a cobertura general el maní forrajero constituyó el manto vegetativo en el cultivo primario de palma africana y la cobertura alcanzó alrededor del 97% en época lluviosa. Este resultado no es marginal si se compara el valor de 98% de cobertura en cultivo sin asociación y en época lluviosa señalada por Tejos (1997). En cuanto a la altura de planta, estos valores son superiores a los reportados por Tejos (1997), las condiciones climatológicas donde se realizó esta investigación permitieron desarrollar todo su potencial fenológico.

4.2. Producción de forraje verde y materia seca del maní forrajero

El cuadro 2 muestra la producción de forraje verde y materia seca por m2 y en MS kg-1 por hectárea, destacando que la mayor producción se obtuvo en el corte realizado a los 75 días. La disponibilidad de forraje depende de la fertilidad natural del suelo, precipitación y de la fertilización en el establecimiento y de mantenimiento del maní forrajero. En cuanto al contenido de materia seca se reconocen rangos comprendidos entre: 5,000-9,000 kg ha-1 reportados por Godoy *et al.*

Cuadro 1. Cobertura, altura, peso de hojas tallo y relación hoja tallo^{-1} del *A. pintoi* en diferentes edades de corte.

Variable	30 días		45 días		60 días		75 días		Error Estándar	Prob
No. Observaciones	4		4		4		4			
Cobertura (%)	98.00	a	97.00	a	97.00	a	98.00	a	0.07	0.560
Altura (cm)	18.38	d	31.92	c	61.06	b	82.38	a	1.94	0.001
Peso de hojas (kg m^{-2})	0.58	d	1.24	c	1.48	b	2.28	a	0.03	0.001
Peso de tallos (kg m^{-2})	0.53	d	1.25	c	1.38	b	2.52	a	0.03	0.001

Medias en las misma fila seguidas por la misma letra no presentan diferencias estadísticas (Tukey, $P < 0.05$).

Cuadro 2. Producción de forraje verde y materia seca del *A. pintoi* en diferentes edades de corte

Variable	30 días		45 días		60 días		75 días		Error Est.	Prob.
No. Observaciones	4		4		4		4			
Producción de FV, (kg ha^{-1})	11,230	c	24,950	b	28,750	b	47,730	a	652.07	0.001
Producción MS, (kg ha^{-1})	2,469	d	6,479	c	7,084	b	12,480	a	163.70	0.001

Medias en las misma fila seguidas por la misma letra no presentan diferencias estadísticas (Tukey, $P < 0.05$).

Ferguson *et al.* (1992). Estos rangos son menores a los reportados en esta investigación que son de 12,480 kg ha1. Esta tendencia se explica por la relación directamente proporcional entre edad de la planta y producción de biomasa, aun cuando la calidad y el valor nutritivo se depriman con la edad del maní forrajero (Ledesma, 1994).

4.3. Producción de PB, EM, y ENL del maní forrajero

En el cuadro 3 se observan los valores de proteína bruta, energía metabolizable y energía neta de lactancia por tratamiento. En cuanto a producción de proteína bruta, el mayor aporte se obtuvo en el corte realizado a los 30 días ($p \leq 0.001$) siendo 2,730 PB (kg ha-1), en segundo lugar fue para el corte a los 75 días con 1,780 de PB (kg ha-1), mientras que el corte de 45 y 60 días alcanzaron una producción de 1,220 y 1,270 PB (kg ha-1) respectivamente.

La mayor producción de PB a los 30 días se puede explicar por el hecho que las hojas guardan la mayor reserva de nitrógeno con respecto a los tallos, siendo este factor el que influye en la disminución de PB cuando avanza la edad de la planta (Ledesma, 1994). Esto explicaría la menor concentración en el corte realizado a los 45 días. No obstante, se observa una recuperación gradual en los contenidos de PB en los cortes de 60 y 75 días, debido a que aparecen nuevas yemas en los estolones que son los precursores de nuevas hojas, elevando así el contenido de proteína nuevamente. El maní forrajero, mantiene altos valores nutricionales inclusive a las doce semanas de rebrote. En esas edades, Conejo (2002) reporta valores de 18.74% de PC.

La mayor producción en cuanto a energía neta de lactancia se obtuvo en el corte realizado a los 75 días, difiriendo con el resto de tratamientos, mientras que la menor producción se obtuvo en el corte de 30 días. Estos resultados se atribuyen al contenido de azúcares estructurales solubles e insolubles, así conforme avanza la edad de la planta estos al metabolizarse producen más energía. Otro factor importante corresponde a la época del año, ya que además de estar influenciada por la evolución o crecimiento de la planta, las condiciones climáticas tienen un efecto muy importante. Así entonces, los carbohidratos no estructurales (CNES) se producen en las hojas gracias al efecto del sol (fotosíntesis), eso significa que durante los días nublados la síntesis de CNES es más baja (Fernández, 2003).

Cuadro 3. Producción de proteína bruta, energía metabolizable y energía neta de lactancia del *A. pintoi* por hectárea en diferentes edades de corte.

Variable	30 días	45 días	60 días	75 días	Error Est.	Prob.
Producción PB (kg ha^{-1})	2,730 a	1,220 c	1,270 c	1,780 b	60.65	0.001
Producción de EM (Mcal ha^{-1})	6,630 c	16,170 b	17,070 b	28,030 a	498.01	0.001
Producción de EN$_L$ (Mcal ha^{-1})	3,950 a	10,300 b	11,270 b	19,880 a	367.09	0.001

PB=Proteína bruta, EM=Energía metabolizable, EN$_L$=Energía neta de lactancia
Medias en las misma fila seguidas por la misma letra no presentan diferencias
estadísticas (Tukey, P < 0.05).

4.4. Producción de leche.

4.4.1. Estimación de la producción de leche en base a la disponibilidad de PB del maní forrajero en diferentes épocas de corte.

La mayor producción en cuanto a proteína la obtuvo el corte realizado a los 30 días (30,390 Lha -1), el cual difiere de los demás cortes (P<0,001) seguido por el corte realizado a los 75 días con (19,650 L ha $^{-1}$), y la mejor producción estimada de leche a partir del aporte de proteína lo obtuvieron los (cortes realizados a los 45 y 60 días) con valores de (14,040 y 13,690 L ha $^{-1}$), respectivamente. Si realizamos de la misma manera una estimación del rendimiento económico se tendría que el corte de 30 días generaría un ingreso bruto de 7598,00 USD/ha-1 y los ingresos más bajos se obtendrían con los cortes 45 y 60 días con 3510,00 y 3422,00 USD/ha-1 (cuadro 4).

4.4.2. Estimación de la producción de leche en base a la disponibilidad de EM del maní forrajero.

La mayor producción de la leche en base a la disponibilidad de EM del maní forrajero L ha -1 tuvo una relación inversamente proporcional comparada con la tendencia productiva a partir de la proteína. Encontrándose que el corte realizado a los 75 días con (22, 820 L ha $^{-1}$) difiere (P<0,0001) con los cortes realizados de 60 días y 45 días aunque estos dos son estadísticamente iguales, con producciones de (13,700 y 13,040 L ha $^{-1}$). En tanto la menor producción de L ha^{-1} corte realizado a los 30 días (5,332 L ha $^{-1}$). Estos resultados dan a comprender que el maní forrajero puede ser utilizado como una fuente de proteína para producir leche en las primeras etapas fenológicas en tanto si el maní madura pierde esta condición pero se optimizaría como una fuente de energía. (cuadro 4).

4.4.3. Estimación de producción de leche en base a la disponibilidad de ENL del maní forrajero.

La producción estimada de leche por hectárea a partir de la variable ENL es similar a la encontrada con la EM; la mayor producción el corte realizado a los 75 días con un valor (26,850 Lha^{-1}) difiriendo (P<0,001) con los demás cortes, seguido por el corte realizado a los 60 días (15,240 L ha^{-1}) ,luego por el corte de 45 días (13,940 L ha $^{-1}$). El ingreso bruto para el corte de 75 días fue de $ 6712,00 USD como el máximo valor el mismo que es inversamente proporcional si se compara con el ingreso de corte realizado a los 30 días pero a partir de la disponibilidad de proteína (cuadro 4).

Cuadro 4. **Producción de leche por hectárea basada en la disponibilidad de proteína bruta, y energía neta de lactancia del maní forrajero en diferentes edades de corte.**

Variable	30 días		45 días		60 días		75 días		Error Est.	Prob.
Producción de leche PB(L ha^{-1})	30,390	a	13,690	c	14,040	c	19,650	b	673.78	0.001
Producción de EM (L ha^{-1})	5,332	c	13,040	b	13,780	b	22,820	a	498.01	0.001
Producción de EN$_L$ (L ha^{-1})	5,311	d	13,940	c	15,240	b	26,850	a	352.17	0.001

Medias en las misma fila seguidas por la misma letra no presentan diferencias estadísticas

(Tukey, $P < 0.05$).

4.5. Composición química nutritiva del maní forrajero en diferentes edades de corte

El cuadro 5 muestra los resultados de materia orgánica (MO), proteína bruta (PB), fibra bruta (FB), extracto etéreo (EE) y extracto libre de nitrógeno (ELN). No existieron diferencias entre los tratamientos para la variable MO. Estos valores, son similares a los reportados por Duchi (2003) de 91.08% en maní forrajero. La mayor concentración de PB correspondió al material vegetativo cosechado el día 30 (24.50%), que disminuyó conforme avanzó el estado fenológico de la planta. Esto es posiblemente debido a la caída de hojas en el secado. Sin embargo, estudios realizados en la Amazonía ecuatoriana con *A. pintoi* (CIAT), citados por Ledesma (1994), indican valores de proteína en un rango del 19.4 a 21%. Por otro lado, Duchi (2003) reportó un contenido de PB de 13.4% en completo estado de maduración y pos floración.

En cuanto a la FB, el menor valor se obtuvo a los 30 días (21.69%) seguido por la cosecha del día 45 con un valor de 23.76%. Luego sigue el material vegetativo cosechado el día 60 con 26.12%, y a medida que avanza la edad se reporta el mayor valor a los 75 días (29.45%). Al comparar los resultados de fibra obtenidos en esta investigación con el valor obtenido en la investigación en maní forrajero por Duchi (2003), cuyo valor fue de 29.39%, es posible deducir que mientras avanza la edad de corte de la planta ésta se lignifica y se hace fibrosa (Duchi, 2003).

Analizando el contenido de EE en el maní forrajero no existen diferencias significativas (p>0.05) entre el material vegetativo cosechado el día 30 (6.10%) y el cosechado el día 45 (5.62%). Pero a medida que avanza la edad disminuye la concentración de EE con valores de 4.66% en el día 60, el cual si presenta diferencias significativas (p>0.05) con el corte de 30 días, observando que el menor valor fue para el corte realizado a los 75 días con 3.41%. Por su parte, Duchi (2003) reportó a los 75 días de cosecha valores de 3.19%, estas diferencias se deberían a la presencia de cutinas.

En cuanto al ELN, el mejor valor se observó en el material vegetativo cosechado el día 75 (42.54%) y el menor valor fue en el corte a los 30 días (37.50%). Esto contrasta con los resultados reportados por Duchi (2003) 61.81%. Las diferencias podrían deberse posiblemente a la madurez de la planta la cual no fue determinada en el estudio de Duchi (2003).

Cuadro 5.   Composición química del *A. pintoi* en diferentes edades de corte

Variable	30 días	45 días	60 días	75 días	Error Est.	Prob.
No. de observaciones	4	4	4	4		
Materia orgánica, %	87.79 a	88.97 a	89.88 a	90.05 a	0.154	0.590
Proteína Bruta, %	24.50 a	21.02 b	17.84 c	14.65 d	0.193	0.001
Fibra Bruta, %	21.69 a	23.76 b	26.12 c	29.45 d	0.194	0.001
Extracto etéreo,%	6.10 a	5.62 a	4.66 b	3.41 c	0.073	0.001
Extracto libre de nitrógeno, %	37.50 c	40.57 b	42.26 a	42.54 a	0.141	0.001

Medias en las misma fila seguidas por la misma letra no presentan diferencias estadísticas (Tukey, P < 0.05).

4.6. Digestibilidad *in vivo*

La evaluación de digestibilidad *in vivo* se reporta en el cuadro 6, el que resume los valores de digestibilidad de la materia seca (DMS), materia orgánica (DMO), proteína cruda (DCP), extracto etéreo (DEE) y extracto libre de nitrógeno (DELN), valores que a su vez son útiles para el cálculo y estimación de los nutrientes digestibles totales (NDT).

4.7. Digestibilidad de la Materia Seca

La digestibilidad *in vivo* de la MS registró diferencias significativas (p=0.037) entre las medias de los diferentes tratamientos. Así el material cosechado el día 30 obtuvo mayor digestibilidad (66.42%) en comparación al material cosechado el día 75, el que registro la menor digestibilidad (57.84%). Estos valores Godoy *et al.*

Cuadro 6.   Digestibilidad aparente del *A. pintoi* en diferentes edades de corte

Variable	30 días	45 días	60 días	75 días	Error Est.	Prob.
No. de observaciones	4	4	4	4		
Digestibilidad MS, %	66.42 a	62.64 ab	60.20 b	57.84 b	1.86	0.04
Digestibilidad MO, %	68.65 a	64.76 ab	62.05 bc	59.50 c	1.77	0.02
Digestibilidad PC, %	78.03 a	74.74 a	69.29 b	68.59 b	1.24	0.00
Digestibilidad FB, %	43.38 a	39.24 ab	33.69 bc	28.69 c	3.09	0.03
Digestibilidad EE, %	58.49 a	54.92 ab	49.63 ab	47.28 b	2.55	0.06
Digestibilidad ELN, %	80.31 a	76.40 a	76.59 a	78.69 a	1.64	0.33

Medias en las misma fila seguidas por la misma letra no presentan diferencias estadísticas (Tukey, P < 0.05).

son menores a los señalados por Pérez (2000) quien reportó una DMS superior al 70%. Por otra parte, Duchi (2003) reporta valores de DMS superiores al 70 y 74%, respectivamente. Estos altos valores pueden deberse a diferentes factores como la relación entre tallos y hojas, el efecto animal o preferentemente la depresión de consumo que tienen los ovinos tropicales frente a los ovinos europeos.

4.8. Digestibilidad de la Materia Orgánica

El mayor coeficiente de digestibilidad *in vivo* de materia orgánica de los tratamientos evaluados fue el material cosechado el día 30 con (68.65%), seguido por el cosechado el día 45 (64.76%), luego el material cosechado el día 60 (62.05%), y por último el cosechado el día 75 (59.50%), siendo este último el que presentó el menor valor de digestibilidad. Debemos considerar que estos valores son bajos comparados con lo reportado por Duchi (2003) de 75.90%. Esto podría deberse al estado fenológico y época de corte.

4.9. Digestibilidad de la Proteína

Los valores de coeficiente de digestibilidad de la proteína cruda cosechados a los 30 y 45 días no difieren entre sí ($p>0.05$), pero ambos son mejores respecto a los cosechados en los 60 y 75 días, los que a su vez tampoco difieren entre ellos ($p>0.05$). En tal sentido, estudios realizados por otros autores reportan coeficientes de digestibilidad aparente de la proteína de 80.4% (Duchi, 2003), mientras que Tejos (1997) reportó rangos de 62 a 67%. Esta cualidad permite considerar al *A. pintoi* una alternativa para suplir proteína degradable en el rumen y consecuentemente proteína metabolizable en aquellos sistemas en los cuales la demanda es alta, como ocurre en vacas altas productoras (Villareal *et al.*, 2005).

4.10. Digestibilidad de la Fibra

Los valores reportados del material cosechado a los 30 y 45 días no difieren estadísticamente, siendo seguido por el material cosechado el día 60 y por el material cosechado el día 75. Estos valores puede explicarse porque en las leguminosas el contenido de la pared celular es menor y por lo tanto sus contenidos celulares son mayores. El maní forrajero no es la excepción presentando el *A. pintoi* CIAT 18744A (Conejo, 2002) valores de 34 a 40% de fibra detergente neutro (FDN) correspondiendo a contenidos celulares de 66 y 60% respectivamente.

4.11. Digestibilidad del Extracto Etéreo (DEE)

Analizando la digestibilidad *in vivo* del extracto etéreo, en los coeficientes de digestibilidad se observa una disminución en la medida que aumenta las fechas de corte (cuadro 6). Lamentablemente, el extracto etéreo no refleja el verdadero valor nutricional de la fracción lipídica de los alimentos. En algunos alimentos, como los forrajes, una parte importante del extracto etéreo está compuesto por sustancias insaponificables (ceras, terpenos, etc.) de nulo valor energético para los animales (Palmquist y Jenkins, 2003).

4.12. Digestibilidad del Extracto libre de nitrógeno

En la digestibilidad del ELN se pudo determinar un mayor valor en el material cosechado a los 30 días de edad con 80.31%, aun cuando no difiere estadísticamente con ninguno de los cosechados a los 45, 60 y 75 días. Por el hecho de comprender teóricamente, aquellos carbohidratos solubles y de elevada digestibilidad como los azúcares y el almidón, el ELN debería ser altamente digestible sin embargo, al contener en los pastos parte de la

33

hemicelulosa presente en la planta y parte de la lignina, su digestibilidad es usualmente más baja de la esperada.

Es así que la mayor digestibilidad de la FDN, en relación con la digestibilidad de la fibra detergente ácida (FDA), es atribuible a la mayor presencia de lignina en la FDA. Para el heno *A. pintoi*, la lignina fue parte del 21.3 y el 31.3% de FDN y FDA, respectivamente. Este hecho, es decir, la ausencia de lignina, puede explicar la superioridad y digestibilidad de hemicelulosa (HCEL)en comparación con otras fracciones de la fibra (Ladeira *et al.*, 2002).

4.13. Nutrientes Digestibles Totales (NDT)

El corte del material vegetativo realizado a los 30 días fue el mejor respecto a los realizados a los 45, 60 y 75 días (cuadro 7). Esto se debe a que el corte de 30 días presenta una superioridad tanto en lo que se refiere a composición química como el coeficiente de digestibilidad. En investigaciones con asociaciones forrajeras el valor promedio en *A. pintoi* fue 51.1% (Sánchez *et al.*, 2000) que es menor a los valores obtenidos en ésta investigación.

4.14. Energía Digestible (ED)

El contenido medio de energía digestible registrado en el corte realizado a los 30 días fue el mayor con 2.93 Mcal kg-1, seguido del corte realizado a los a los 45 días (2.77 Mcal kg-1). El corte realizado a los 60 días presentó un aporte de 2.59 Mcal kg-1 y el menor aporte se obtuvo con el corte realizado a los 75 días (2.45 Mcal kg-1). Conejo (2002) en investigaciones realizadas en *A. pintoi* 18744A, cuantifica valores de 2.51 Mcal kg-1 MS.

4.15. Energía Metabolizable (EM)

Las medias registradas fueron significativas en el corte realizado a los 30 días en relación con los cortes realizados a los 60 y 75 días, ya que el corte realizado a los 30 días presenta el mayor aporte de EM (2.38 Mcal kg-1), que es superior al corte realizado a los 45 días (2.25 Mcal kg-1), seguido por el corte realizado a los 60 días (2.10 Mcal kg-1), y por último al corte realizado a los 75 días (1.98 Mcal kg-1). Investigaciones realizadas con maní forrajero en asociación con gramíneas determinan valores de energía metabolizable inferiores a los obtenidos en ésta investigación (1.83 Mcal kg de MS), atribuyendo estos valores a la altura tan baja que fueron tomadas las muestras que originaron ésta investigación (Sánchez *et al.*, 2000).

4.16. Energía Neta de Lactancia (ENL)

El corte realizado a los 30 días aportó una mayor cantidad de energía neta para la producción láctea, alcanzando 1.51 Mcal kg-1, seguido por el corte realizado a los 45 días (1.43 Mcal kg-1), luego el corte realizado a los 60 días (1.32 Mcal kg-1), y por último el corte realizado a los 75 días, el cual presentó el menor aporte energético con 1.24 Mcal kg-1 (cuadro 7). A las 12 semanas de rebrote de A. *pintoi* 18744A en esas edades, Conejo (2002) reporta un contenido de 1.27 Mcal kg-1 de MS.

Globalizando las respuestas determinadas del aporte de energía tanto digestible como metabolizable para la producción láctea, se puede considerar que el material vegetativo cosechado a los 30 días es el que presentó las mejores características. Además, presentó mejores características de digestibilidad de los diferentes nutrientes que lo conforman.

4.17. Energía Neta de Ganancia (ENG)

El mayor valor de ENG se obtuvo con el corte realizado a los 30 días, el cual no tuvo diferencias con el corte del día 45, pero si con los cortes realizados en los días 60 y 75 (cuadro 7).

4.18. Metabolicidad

En cuanto a la metabolicidad, el mejor tratamiento fue aquel cosechado a los 30 días. La menor metabolicidad se obtuvo con el material cosechado al día 75, el que fue distinto con los cortes de 45 y 60 días.

Cuadro 7.Contenido de NDT (%) y aporte de energía (Mcal kg^{-1}) MS del *A. pintoi* en diferentes edades de corte

Variables	30 días		45 días		60 días		75 días		Error Est.	Prob.
No. de observaciones	4		4		4		4			
NDT (%)	66.67	a	62.97	ab	58.73	b	55.59	b	1.94	0.010
EB (Mcal kg^{-1}) MS	4.43	a	4.42	a	4.40	a	4.34	a	0.04	0.835
ED (Mcal kg^{-1}) MS	2.93	a	2.77	ab	2.59	b	2.45	b	0.09	0.008
EM (Mcal kg^{-1}) MS	2.38	a	2.25	ab	2.10	b	1.98	b	0.07	0.008
EN$_L$ (Mcal kg^{-1}) MS	1.51	a	1.43	ab	1.32	b	1.24	b	0.05	0.008
EN$_G$ (Mcal kg^{-1}) MS	1.32	a	1.25	ab	1.16	b	1.10	b	0.03	0.008
Metabolizidad (q)	53.72	a	50.9	ab	47.72	b	45.62	b	0.01	0.037

Medias en las misma fila seguidas por la misma letra no presentan diferencias estadísticas (Tukey, p<0.05).

Godoy *et al.* (p<0.05). En esta investigación se estudió el grado de asociación entre variables de producción, composición química, digestibilidad y energía. Además, se obtuvieron ecuaciones de estimación para predecir estas variables, las que se presentan en el cuadro 7.

4.19. Grado de asociación entre variables de producción de composición química digestibilidad y energía.

4.19.1. Producción

En cuanto a la variable producción de MS se obtuvo r= 0.960, con una P<0.01 y con una tendencia positiva, si analizamos detenidamente podemos mencionar que la edad de corte tiene un efecto positivo sobre la producción de MS entonces a medida que avanza la edad de Maní forrajero se incrementa la producción de materia seca por unidad de superficie (cuadro 8). De la misma manera se obtuvo r = 0.968 con tendencia positiva a un nivel de significancia de (P<0.01) en ese mismo sentido se puede mencionar que la edad de corte tiene influencia sobre la producción de forraje verde por unidad de superficie (cuadro 8).

Una alta significancia (r=0.958) se encontró entre la producción ENL Mcal m y el efecto tratamiento por lo que se considera que la edad de corte afecta positivamente en la concentración de ENL m. La expectativa de producción esperada por hectárea a partir de la ENL tuvo una correlación de r= 0.924 con la edad de corte; confirmándose que la edad de corte influye en la producción de leche Lha^{-1} (cuadro 8).

La producción de biomasa y concentración de nutrientes se ven muy influenciados por el estado fenológico de este dependerá la calidad de maní forrajero, es decir el efecto edad puede favorecer la tendencia positiva en determinadas variables en tanto otros nutrientes tendrán una tendencia negativa aun cuando los coeficientes de correlación sean altos y significativos.

4.19.2. Composición química

La PB y FB son indicadores de importancia por cuanto el contenido de estos determinan la calidad nutritiva de un alimento; se observó un coeficiente de correlación r= -0.961 (P< 0.01) entre la edad de corte y el porcentaje de proteína del maní forrajero, aunque en este caso, la tendencia es negativa, lo cual se interpreta de la siguiente manera: Mientras el maní forrajero avance en su estado de madurez disminuye la concentración de proteína; lo anotado debe ser considerado en los sistemas de producción animal para realizar prácticas de utilización racional del maní forrajero en función de la edad de corte (cuadro 8).

Cuando se analizó el grado de asociación entre la edad de corte y el % porcentaje FB se obtuvo un r= 0.9573 significativo (P<0.01), cuyo valor indica que este coeficiente es alto y con una tendencia positiva, entendiéndose que la edad de corte incrementa el porcentaje de FB de maní forrajero. Este comportamiento refleja en la práctica que a medida que se demora el corte del maní hace un alimento fibroso y de bajo valor nutritivo (cuadro 8).

4.19.3. Digestibilidad

Para las variables de digestibilidad tales como DMS y DOM con el efecto de la edad de corte reporto coeficientes de correlación r = -0.697 y r= -0.739 (P<0.01) respectivamente, valores que al ser analizados demuestran una tendencia negativa y valores relativamente en la digestibilidad de la Materia seca y la Materia orgánica; entendiéndose además que mientras el maní forrajero madura disminuye la degradación nutritiva de las variables en mención (cuadro 8).

4.19.4. Energía

En relación a los coeficientes de correlación para NDT, EM, ENL, Y ENG por efecto de variables de composición química como PB y FB se obtuvo: r= -0.799 r=-0.768 respectivamente, interpretándose que a medida que se incrementa el % de proteína del maní forrajero mejora los NDT en tanto debido al incremento en la concentración de FB disminuye el aporte de NDT del maní forrajero en diferente edad de corte (cuadro 8).

La tendencia de los NDT se ve reflejada en EM, ENL y ENG en primera instancia es debido a que el cálculo de las energías está basado en el contenido de los NDT. Y por otro lado al efecto de la edad de corte.

El análisis de la correlación fue útil para realizar interpretaciones estadísticas y crear modelos de estimación o predicción de variables productivas, composición química digestibilidad y energías, a partir del modelo de regresión lineal se obtuvo ecuaciones matemáticas (cuadro 9) que servirán de base aplicativa en los actuales sistemas de producción animal pudiendo formular raciones en las que la dieta base sea el maní forrajero.

Cuadro 8 . Coeficiente de correlación entre variables fenológicas, composición, química, digestibilidad y energía del maní forrajero (*Arachis pintoi*) en diferentes edades de corte.

Variable	Edad de corte	MS/m2	FV/m2	PB kg m⁻²	EM Mcal m⁻²	ENL Mcal m⁻²	Leche L ha⁻¹ (PB)	Leche L ha⁻¹ (EM)
TRATAMIE								
MS/m2	0,960**							
FV/m2	0,964**	0,998**						
PB kg m⁻²	-0,434**	-0,462**	-0,445**					
EM Mcal m⁻²	0,946**	0,998**	0,997**	-0,487**				
ENL Mcal m⁻²	0,953**	0,999**	0,999**	-0,452**	0,998**			
Leche L ha⁻¹(PB)	-0,444**	-0,469**	-0,453**	0,999**	-0,494**	-0,459**		
Leche L ha⁻¹(EM)	0,946**	0,998**	0,997**	-0,487**	1,000**	0,998**		
Leche L ha⁻¹(ENL)	0,932**	0,919**	0,925**	-0,341	0,909**	0,919**		0,909**
%PB	-0,947**	-0,927**	-0,929**	0,601**	-0,926**	-0,924**	-0,495**	-0,925**
%FB	0,957**	0,929**	0,941**	-0,403**	0,922**	0,932**	0,612**	0,922**
DMS	-0,686**	-0,677**	-0,693**	0,392**	-0,689**	-0,685**	-0,354	-0,690**
DOM	-0,729**	-0,716**	-0,731**	0,414**	-0,725**	-0,722**	0,435**	-0,726**
NDT	-0,799**	-0,767**	-0,783**	0,402**	-0,773**	-0,772**	0,423**	-0,774**
EB	-0,250	-0,259	-0,247**	0,091	-0,248**	-0,252**	0,096**	-0,247
ED	-0,800	-0,767**	-0,783**	0,403**	-0,773**	-0,772**	0,423**	-0,774**
EM	-0,799**	-0,767**	-0,782**	0,402**	-0,773**	-0,772**	0,423**	-0,773**
ENL	-0,799**	-0,767**	-0,782**	0,402**	-0,773**	-0,772**	0,423**	-0,773**
ENG	-0,799**	-0,767**	-0,783**	0,402**	-0,773**	-0,772**	0,422**	-0,773**

CONTINUACIÓN..........

Cuadro 8. Coeficiente de correlación entre variables fenológicas, composición, química, digestibilidad y energía maní forrajero (*Arachis pintoi*) en diferentes edades de corte.

	Leche L ha⁻¹ (ENL)	PB	FB	DMS	DOM	NDT	EB	ED	EM	ENI	ENG
Leche L ha⁻¹ (ENL)	1,000										
%PB	-0,848**	1,000									
%FB	0,906**	-0,879**	1,000								
DMS	-0,633**	0,696**	-0,702**	1,000							
DOM	-0,668**	0,738**	-0,735**	0,997**	1,000						
NDT	-0,734**	0,798**	-0,796**	0,975**	0,984**	1,000					
EB	-0,177	0,399**	-0,008	0,190**	0,215	0,224	1,000				
ED	-0,734**	0,798**	-0,796**	0,975**	0,984**	1,000	0,224	1,000			
EM	-0,734**	0,797**	-0,795**	0,975**	0,984**	1,000	0,224	1,000	1,000		
ENL	-0,734**	0,798**	-0,796**	0,975**	0,984**	1,000	0,224	1,000	1,000	1,000	
ENG	-0,734**	0,798**	-0,796**	0,975**	0,984**	1,000	0,222	1,000	1,000	1,000	1,000

Coeficiente de correlación según el análisis de Pearson

**Significancia al nivel P< 0,01

Cuadro 9. Ecuaciones de predicción de variables de producción, digestibilidad y energía del *A. pintoí* en diferentes edades de corte

Variable	Ecuación	r^2	Prob.
Producción Forraje verde	PDN FV Kg ha^{-1} = 755.33 (edad de corte) - 11490	0.94	0.001
Producción Materia Seca	PDN MS ha^{-1} = 204.25 (edad de corte) - 3595.3	0.92	0.001
Producción EM	EM (Mcal ha-^{1}) = 434 (edad de corte) - 5810	0.92	0.001
Producción EN$_L$	EN$_L$(Mcal ha^{-1}) = 325.06 (edad de corte) - 0.5716	0.92	0.001
Producción de Leche	PDN Leche L ha^{-1} = 354.69 (EM/ha) - 4,878.4	0.92	0.001
Producción de Leche	PDN Leche L ha^{-1} = 439.44 (ENL/ha) - 7735.7	0.8537	0.001
Digestibilidad MS	DMS (%) = -0.1878(edad de corte) + 71.638	0.4858	0.001
Digestibilidad MO	DMO (%) = - 0.2011 (edad de corte) + 74.296	0.5461	0.001
NDT	NDT (%) =-0.2498 (edad de corte) + 74.108	0.6384	0.001
Contenido EM	EM (Mcal kg^{-1}) MS = -0.009 (edad de corte) + 2.65	0.5898	0.001
Contenido EN$_L$	EN$_L$ (Mcal kg^{-1}) MS = - 0.00611 (edad de corte) + 1.6956	0.6384	0.001
Contenido EN$_G$	EN$_G$ (Mcal kg^{-1}) MS = -0.005 (edad de corte) + 1.4705	0.6384	0.001
NDT	NDT (%) = 1.1448 (% PB) + 38.662	0.6368	0.001
NDT	NDT (%) = - 1.4363 (% FB) + 97.265	0.6336	0.001
Contenido EM	EM (Mcal kg^{-1}) MS = 0.04122(% PB) + 1.3734	0.6335	0.001
Contenido EM	EM (Mcal kg^{-1}) MS. = - 0.0595 (% FB) + 3.6673	0.6320	0.001
Contenido EN$_L$.	Enl (Mcal kg^{-1}) MS = 0.028 (% PB) + 0.8274	0.6368	0.001
Contenido EN$_L$.	Enl (Mcal kg^{-1})MS = - 0.0406 (% FB) + 2.3911	0.6336	0.001
Contenido EN$_G$.	Eng (Mcal kg^{-1}) MS = 0.02290 (% PB) + 0.76083	0.6368	0.001
Contenido EN$_G$.	Eng (Mcal kg^{-1}) MS = - 0.0331 (% FB) +2.0352	0.6336	0.001

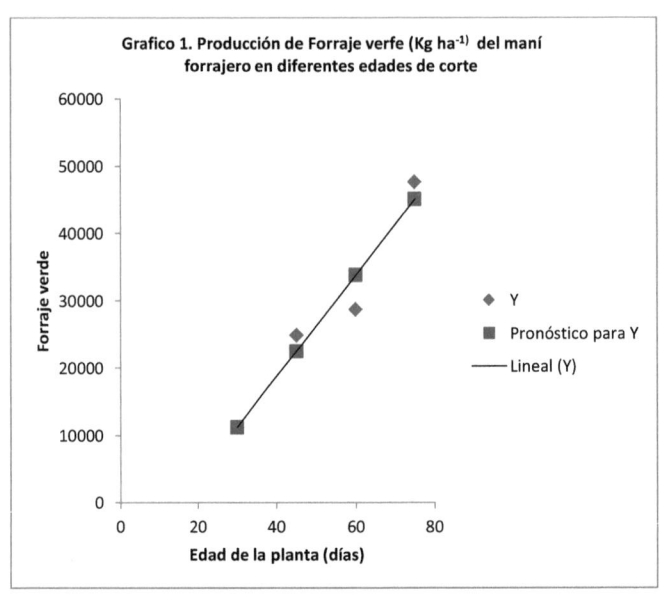

Grafico 1. Producción de Forraje verfe (Kg ha⁻¹) del maní forrajero en diferentes edades de corte

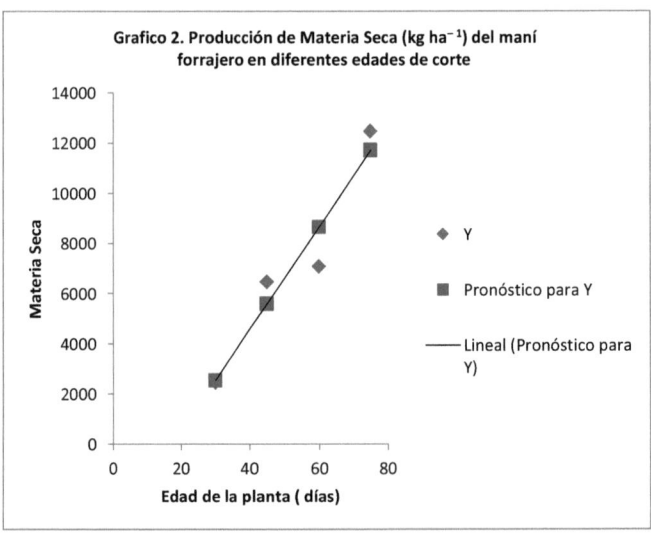

Grafico 2. Producción de Materia Seca (kg ha⁻¹) del maní forrajero en diferentes edades de corte

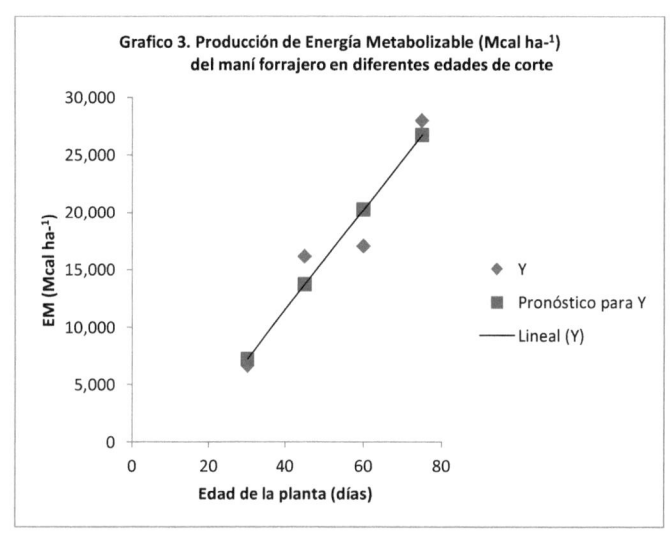

Grafico 3. Producción de Energía Metabolizable (Mcal ha-1) del maní forrajero en diferentes edades de corte

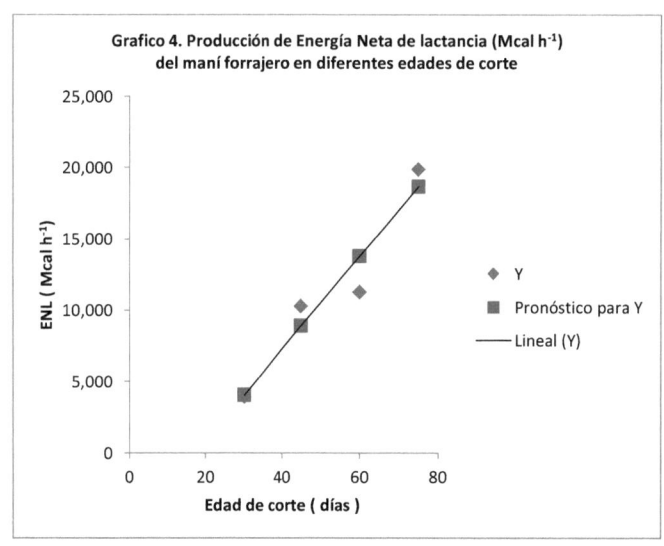

Grafico 4. Producción de Energía Neta de lactancia (Mcal h-1) del maní forrajero en diferentes edades de corte

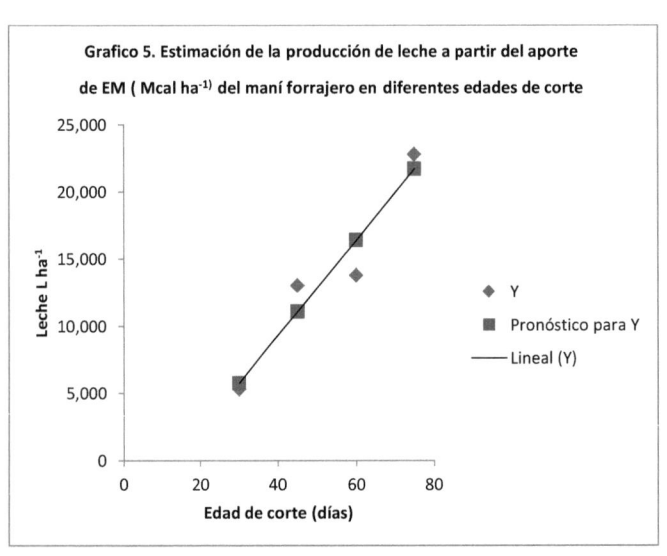

Grafico 5. Estimación de la producción de leche a partir del aporte de EM (Mcal ha$^{-1)}$ del maní forrajero en diferentes edades de corte

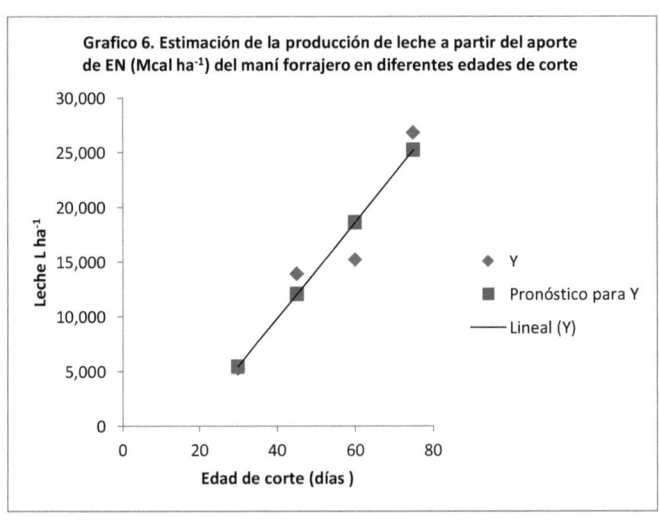

Grafico 6. Estimación de la producción de leche a partir del aporte de EN (Mcal ha^{-1}) del maní forrajero en diferentes edades de corte

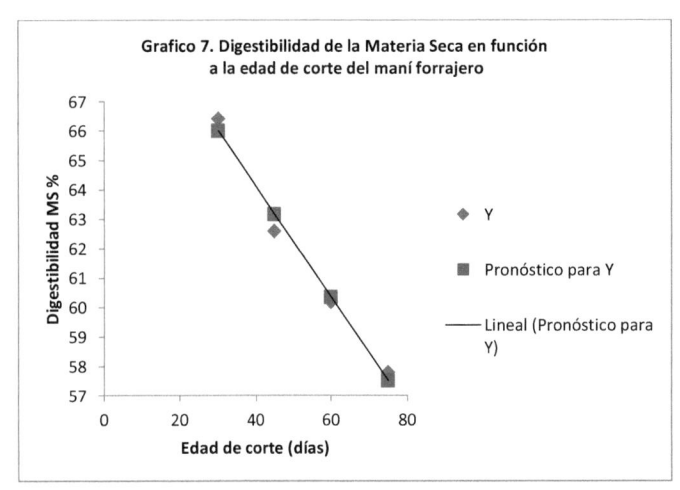

Grafico 7. Digestibilidad de la Materia Seca en función a la edad de corte del maní forrajero

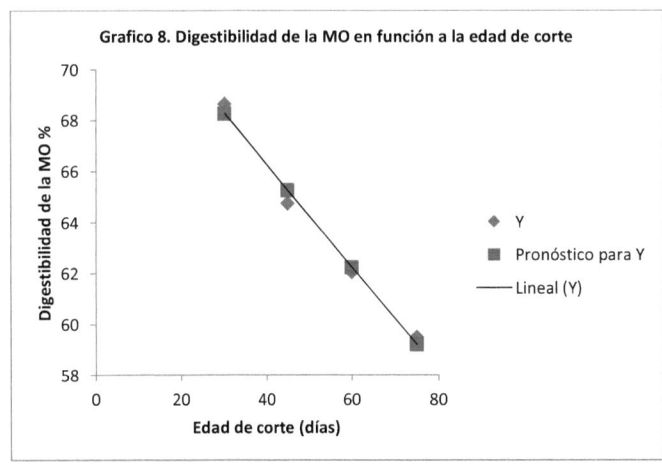

Grafico 8. Digestibilidad de la MO en función a la edad de corte

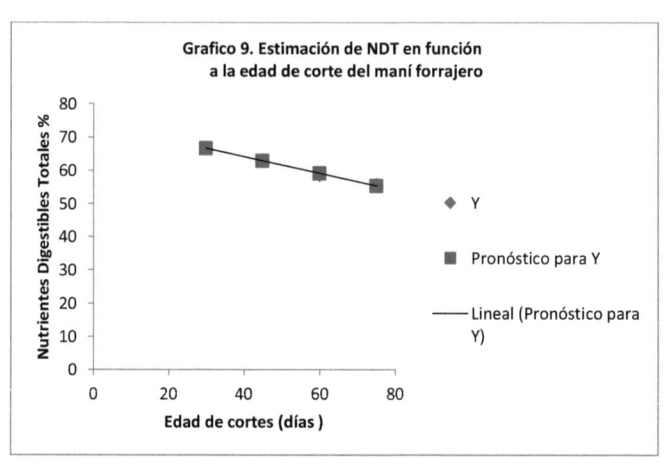

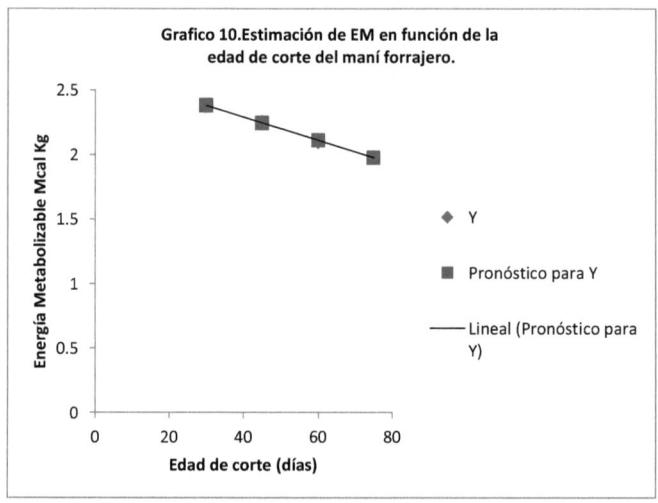

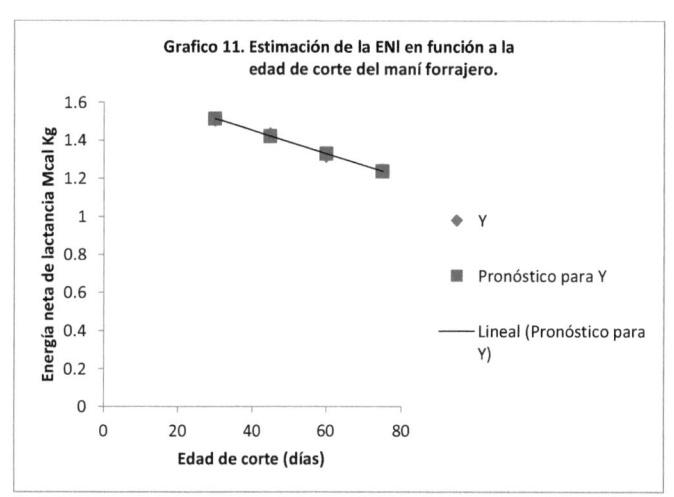

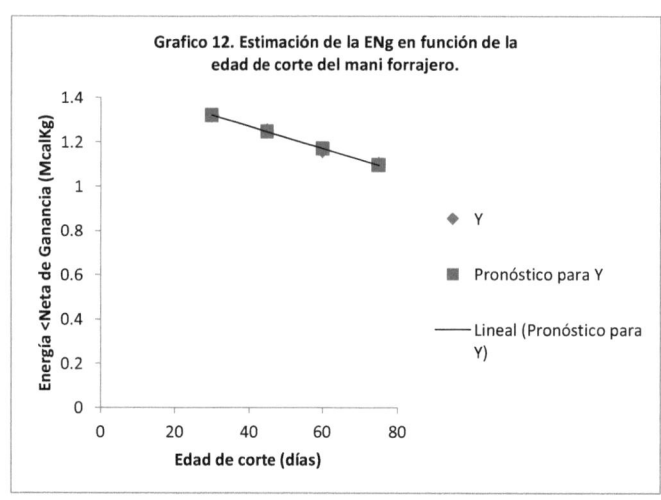

48

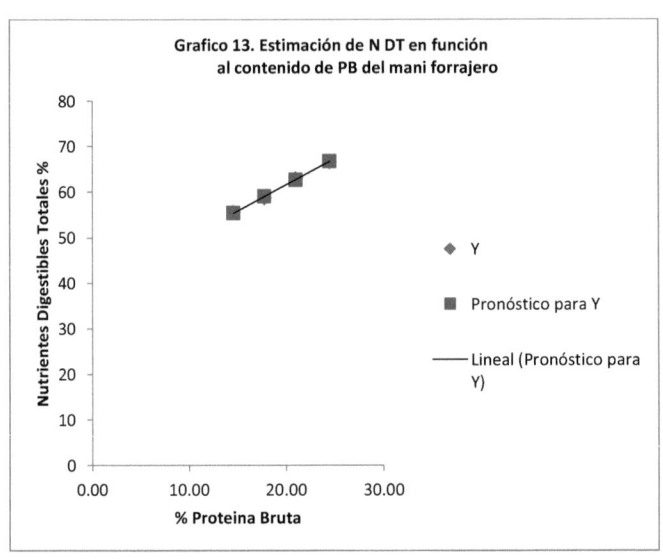

Grafico 13. Estimación de N DT en función al contenido de PB del mani forrajero

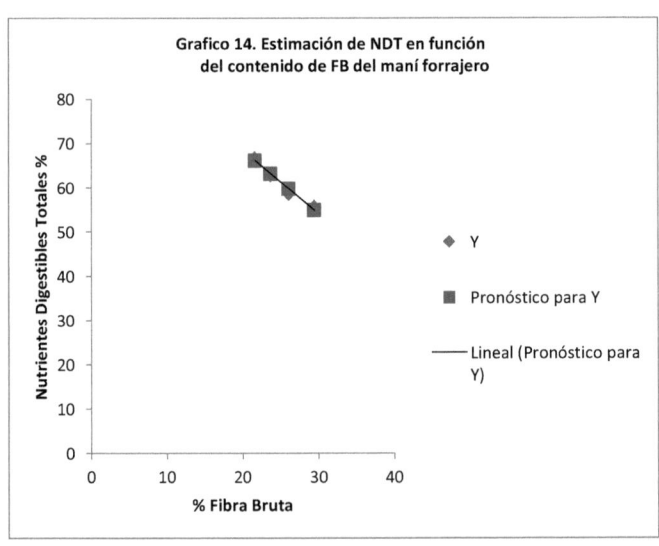

Grafico 14. Estimación de NDT en función del contenido de FB del maní forrajero

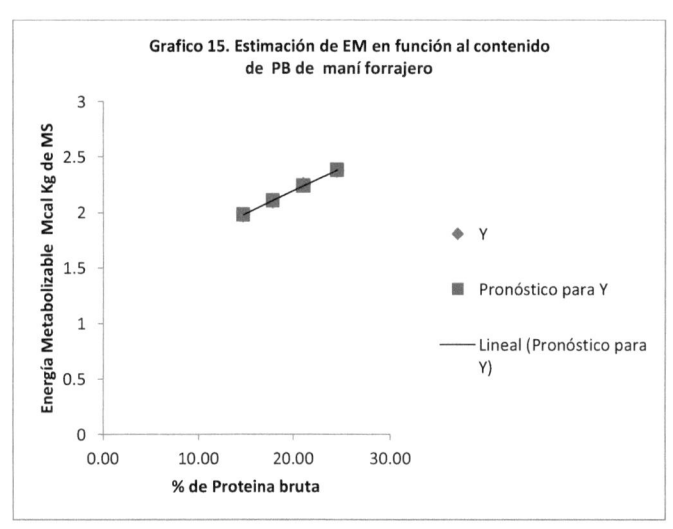

Grafico 15. Estimación de EM en función al contenido de PB de maní forrajero

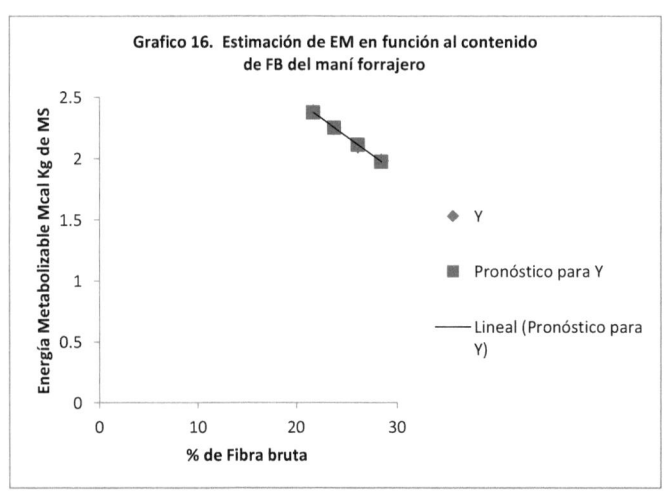

Grafico 16. Estimación de EM en función al contenido de FB del maní forrajero

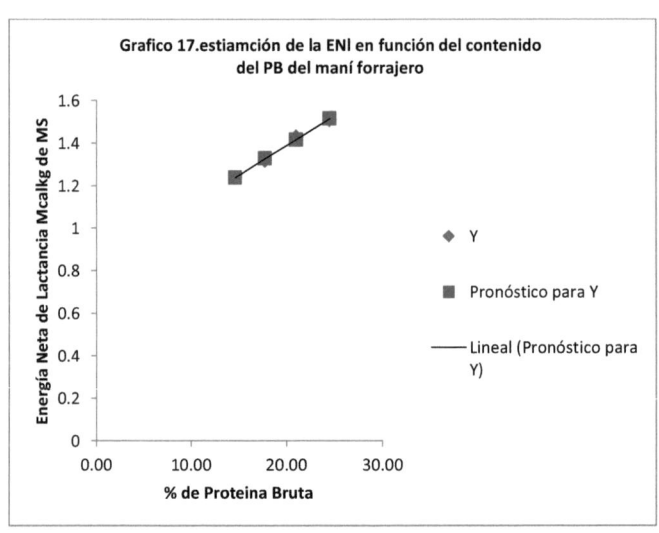

Grafico 17.estiamción de la ENl en función del contenido del PB del maní forrajero

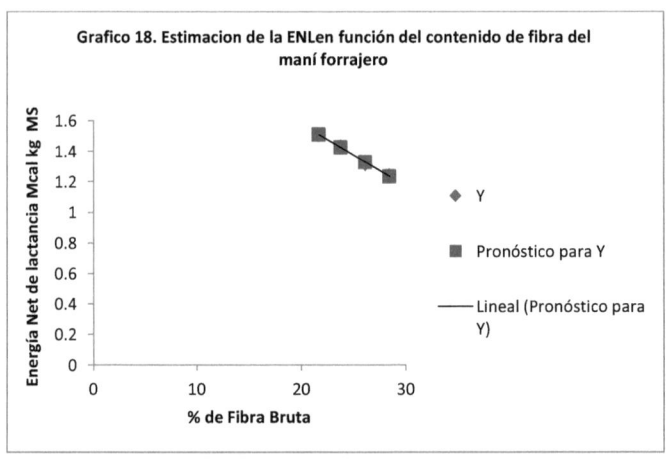

Grafico 18. Estimacion de la ENLen función del contenido de fibra del maní forrajero

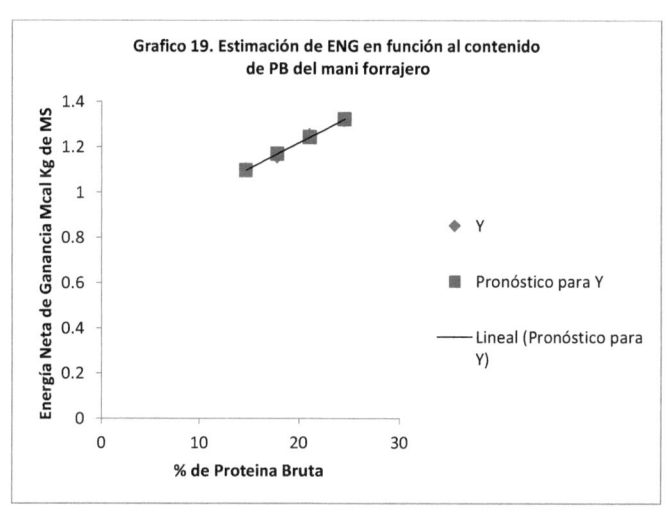

Grafico 19. Estimación de ENG en función al contenido de PB del mani forrajero

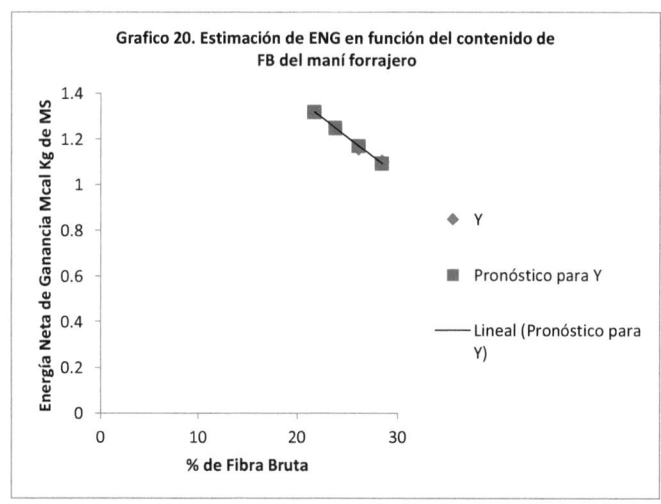

Grafico 20. Estimación de ENG en función del contenido de FB del maní forrajero

5. Conclusiones

El estudio permitió caracterizar la fenología de *A. pintoi* bajo condiciones tropicales destacando que el corte de 75 días registró la mayor producción de forraje verde y materia seca. Asimismo, es posible concluir que cortes tardíos tienen un impacto en la calidad nutricional al que indudablemente afectará la respuesta productiva del animal porque la planta se lignifica y se hace más fibrosa.

En cuanto a la composición química, el contenido de proteína bruta disminuye con la edad de corte, así entonces a menor estado vegetativo de la planta mayor contenido de proteína bruta y menor contenido de fibra bruta.

La mayor digestibilidad de MS, MO, PB, FB, EE, ELN, se obtiene a edades tempranas, lo que se explica por la menor lignificación de la pared celular, lo que permite mayor facilidad de digestión.

El contenido energético es inversamente proporcional a la edad de corte, lo que se debe a la menor presencia de almidones y mayor contenido de carbohidratos estructurales en las plantas maduras.

La edad de corte resultó ser un muy buen predictor de calidad, productividad y digestibilidad del maní forrajero. Los modelos obtenidos servirán de base aplicativa en los actuales sistemas de producción animal pudiendo formular raciones en la que la dieta base sea el maní forrajero.

6. Literatura citada

Acosta, M. 1997. Plantas indígenas para forrajicultura tropandina. (en línea). Consultado 25 Jun. 2012. Disponible en: www.accefyn.org.co/revista/56/57 -97.pdf

Andrade, C. M. S. y J. F. Valentín. 1999. Adaptacao, produtividade e persistencia de *Arachis pintoi* submetido a diferentes niveis de sombreamento. Rev. Bras. Zoot. 28(3):439-445.

AOAC. 1990. Official methods of analysis of the Association of Official Analytical Chemists. 15th edition. Washington, DC. 1298 p.

Asakawa, N., y C. A. Ramírez. 1989. Metodología para la inoculación y siembra de *Arachis pintoi*. Pasturas
Tropicales. 11(1):24-26.

Anzulez. A, y Gonzalez, R. 1993 Manual de Pastos para la amazonia Ecuatoriana Coca Ecuador INIAP- CIICA-IICA.p 41-43 (en prensa).

Basurto, R. e I. Tejada de Hernández. 1992. Digestibilidad aparente de la pulpa deshidratada de limón. Comparación de métodos para estimarla. Téc. Pec. Méx. 30(1):13-22

Bobadilla, A. 2009. Manual de prácticas de producción y aprovechamiento de forrajes. (en línea). Consultado 25 Jun. 2012. Disponible en: www.fmvz.unam.mx/../PRODUCCIONFORRAJES.doc

Conejo, E. A. 2002. Producción de biomasa y valor nutritivo de la línea de maní forrajero CIAT 18744A en la zona central húmeda de Costa Rica. Tesis Ing. Agr., Facultad de Ciencias Agroalimentarias, Universidad de Costa Rica. 69 p.

Carulla,J. Lascano, C. and Ward, J. 1991. Selectivity of resident and oesophagel fistulated steers grassing Arachis pintoi and Brachiaria Dicyoneura in the plalains de Colombia tropical Grassland Australia) 25:317-324.

Church, D. 1997. Fundamentos de Nutrición y alimentación Animales. Edit. UTEHA   Tercera edición. México, México

Church, D. y Pond, E. 1990. Fundamentos de Nutrición y alimentación Animales. Edit. UTEHA   Tercera edición. México, México

Duchi, N. 2003. Valoración nutritiva de subproductos no tradicionales para la alimentación de rumiantes. ESPOCH - PRONSA - IQ-CV-024. Riobamba, Ecuador

Dwyer, G. T. 1989. Pinto´s peanut: a ground cover for orchards. Qld, Agric. J. (May-June):153-154

Ferguson, J. E., C. I. Cardoso y M. S. Sánchez. 1992. Avances y Perspectivas en la producción de Semillas de *Arachis pintoi*". Pasturas Tropicales. CIAT.(2):14:14-22.

Fernández, A. 2003. El efecto de los azúcares solubles sobre la ganancia de peso y su relación con el manejo de los verdeos de invierno. Desafío 21, 9(20):34-37.

Jhons, G. G. 1994. Effect of *Arachis pintoi* groundcover on performance of bananas northern. New South Wales, Aust. J. Exp. Agric. 34:1197-1204

Jones, R. M. 1993. Persistence of *Arachis pintoi* cv. Amarillo three soil types of Samford, Queensland. Trop. Grassi. 27:11-15

Kellems, 1998. Livestock feeds and feeding 4ta ed Edit. Prentice may. New Jersey USA

Ladeira, M. M., N. M. Rodriguez, L. C. Goncalves, E. Silva, S. C. Brito, L. A. Sá. 2002. Avaliação do Feno de *Arachis pintoi* Utilizando o Ensaio de Digestibilidade *in vivo** Rev. Bras. Zootecnia. Vol. 31 No. 6.

Lascano, C.1994 The biology and agronomy of forage Arachis pintoi nutritive value and animal Production in Worksshop entitled" the biology and agronomy of Arachis to be held in CIAT " (1993, Call, Colombia) Cali, CIAT: 31p.

Ledesma, J. 1994. Evaluación bajo pastoreo del consumo de *Arachis pintoi* Krap. Et Greg. y *Pueraria phaseoloides* Rexb. y asociados con *Panicum máximum* Jacq. Tesis de grado previo a la obtención de Ing. Agr. Quito. Ecuador. 24-27 p

Moreno, I R. Mass,B.L. Peter M. y Cardenas, E.A. (1999) Evaluación de germoplasma nuevo de Arachis pintoi en Clombia. Bosque seco tropical, Valle del cauca. Revista Pasturas tropicales (Colombia). 21 (1): 18

Maynard, L. 1981. Nutrición animal. Edit McGRAW-HILL. Séptima edición. México, México.

McDonald, J. 1995. Animal Nutrition. 5ª Edición. EEUU. New York.

NRC (National Research Council). 1985. Nutrient Requirements National Academy Press (on line). Researched 8 Ago. 2005. Available en: http://www.nap.edu/openbook.php?isbn=0309035961

NRC (National Research Council). 2001. Nutrient Requirements of Dairy Cattle, Seventh Revised. Ed. Washington, D.C. National Academy Press. 381 p.

Palmquist D. L., T. C. Jenkins. 2003. Challenges with fats and fatty acids methods. J. Anim. Sci. 81:3250-3254.

Pizarro, EA. : Carvalho, M. A. y Ramos, A. K. B. (1998) Efecto de la frecuencia de corts en la producción de semillas de Arachis pintoi revista Pasturas Tropicales (Colombia) 20(1): 31p.

Purina. 2000. Desarrollo de un alimento. Pet Nutrition Group Pet Food Research and Development Ralston Purina Company Checkerboard Square, St. Louis, MO 63164. http://www.lamascota.com/ar/purina/pal14.htm

Pérez N. B. 2000. *Arachis Pintoi* una historia de éxito. (en línea). Consultado 7 Dic. 2005. Disponible en: http://laboratoriosprovet.com/inftecnica/PASTOS%20Y%20FORRAJES/ARACHIS%20 PINTOI.asp

Plazarte, A. 2001. Digestibilidad in vivo de tres subproductos energéticos fibrosos en ovinos. Tesis de Ingeniería. ESPOCH - FCP - EIZ. Riobamba, Ecuador.

Rincón, A.C. y J.O. Orduz. 2004. Usos alternativos de *Arachis pintoi*: Ecotipos promisorios como cobertura de suelos en el cultivo de cítricos. Pasturas Tropicales. 26(2):2-8.

Sánchez, J., M. Villarreal, H. Soto. 2000. Caracterización nutricional de los componentes forrajeros de cuatro asociaciones gramíneas *Arachis pintoi*. Nutrición Animal Tropical, Vol. 6, N° 1.

SICA/MAG. 2002. III Censo Agropecuario. (en línea). Consultado 7 Dic. 2005. Disponible en: http://www.sica.gov.ec/censo/

Tayler, J. 1974. Conserved forage-complement of competitor to   concentrates. In Principles of Cattle Production. p. 343.

Tejos, R. 1997. Características, manejo y perspectivas del maní forrajero *Arachis pintoi Kraspovickas e Gregory* en el llano venezolano. (en línea). Venezuela Bovina, ed. No. 54. 58 p. Consultado 7 Dic. 2005. Disponible en: http://www.Venezuela bovina.com

Thomas, R. y N. Asakawa. 1993. Descomposition of leaf litter from tropical forage grasses and legumes. Soil Biol. Biochem 25:1351-1361.

Valls, J. F. M. y C. E. Simpson. 1995. Taxonomía, distribución natural y atributos de Arachis. En: P. C. Kerridge (ed.). Biología y agronomía de especies forrajeras de Arachis. Centro Internacional de Agricultura Tropical (CIAT), Cali, Colombia. Publicación No. 245. p. 1–20.

Villareal, M. R. C. Conchran, L. Villalobos, A. Rojas Bourrilow, R. Rodríguez, T. A. Wicherssham. 2005. Dry matter yield and crude protein and rumen degradable protein concentractions of three *Arachis pintoi* ecoiypes and diferents stages of regrowth in the humids tropics. Grass and Forage Science 60:237-243.

Zelada, E. y M. Ibrahin. 1996. Efectos de diferentes niveles de sombra sobre la morfología, fenología y nodulación del *Arachis pintoi*. Memorias XVIII reunión Latinoamericana de Rhizobiología (eds J, Pijnebord, D. Ruiz, V. Sila), ALAR Santa Cruz Bolivia.

7. ANEXOS

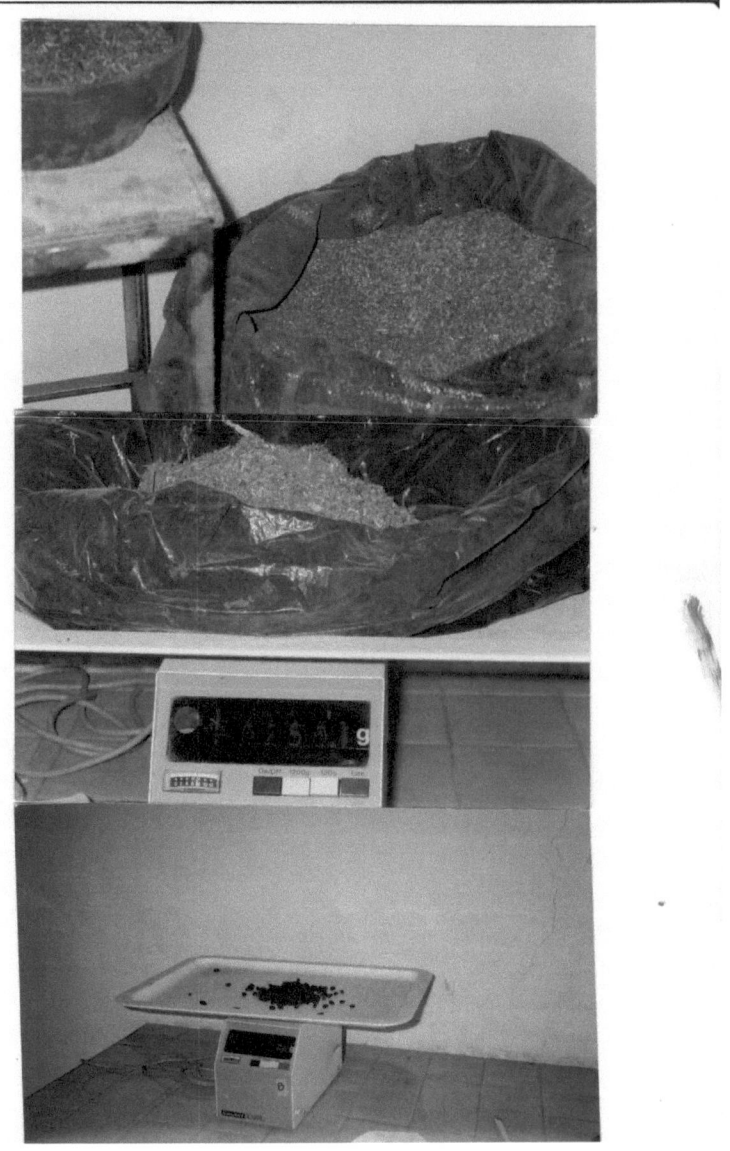